普通高等教育创新型人才培养规划教材

高分子材料与工程专业实验

主　编　周建萍
副主编　梁红波　范红青

北京航空航天大学出版社

内 容 简 介

本书内容涵盖了高分子材料基础实验和高分子材料综合实验。前者主要包括高分子化学、高分子物理、聚合物研究方法、聚合物加工四门课程的基础实验；后者为结合高分子材料发展开设的特色综合实验，包括功能高分子材料、环保涂料、高分子寿命评估以及橡塑配方设计等。

本书可作为大学本科高分子材料与工程、复合材料与工程等专业的实验教材，亦可作为其他材料类、化学类专业的实验参考书。

图书在版编目(CIP)数据

高分子材料与工程专业实验 / 周建萍主编. -- 北京 ：北京航空航天大学出版社，2018.9

ISBN 978-7-5124-2806-5

Ⅰ. ①高… Ⅱ. ①周… Ⅲ. ①高分子材料—实验—高等学校—教材 Ⅳ. ①TB324.02

中国版本图书馆 CIP 数据核字(2018)第 194998 号

高分子材料与工程专业实验

主　编　周建萍

副主编　梁红波　范红青

责任编辑　杨　昕

*

北京航空航天大学出版社出版发行

北京市海淀区学院路 37 号(邮编 100191)　http://www.buaapress.com.cn

发行部电话：(010)82317024　传真：(010)82328026

读者信箱：goodtextbook@126.com　邮购电话：(010)82316936

北京富资园科技发展有限公司印装　各地书店经销

*

开本：710×1 000　1/16　印张：10.75　字数：229 千字

2018 年 10 月第 1 版　2024 年 3 月第 2 次印刷　印数：2 001-2 500 册

ISBN 978-7-5124-2806-5　定价：28.00 元

若本书有倒页、脱页、缺页等印装质量问题，请与本社发行部联系调换。联系电话：(010)82317024

前　言

高分子学科的建立始于20世纪20年代，到20世纪50年代逐渐完善，之后高分子材料迎来了迅猛发展，已经广泛应用于国防、交通、建筑、电子等众多产业领域，成为科学研究、经济建设中不可或缺的重要材料之一。目前，高分子材料形成了塑料、橡胶、纤维、聚合物基复合材料、涂料、胶粘剂和功能高分子等众多庞大的工业分支领域，随着我国经济转型和环保监控的强化，对实践能力强和具有创新精神的高分子材料专业人才的需求日益旺盛。

本书是南昌航空大学高分子材料与工程专业在近20年的专业建设与人才培养过程中的经验积累，从最初的基础课程实验开始，逐渐引入了高分子材料领域最新科技和产业发展需要的功能高分子材料、环保涂料、高分子寿命评估以及橡塑配方设计等综合性实验项目，后来又结合我校聚合物基复合材料专业特色，引入了与复合材料相关的综合实验项目。

本书共分为六个部分：第Ⅰ部分为高分子材料的基本性能及其表征方法简介；第Ⅱ部分为高分子化学实验，主要包括本体聚合、悬浮聚合、乳液聚合以及缩合聚合等；第Ⅲ部分为高分子物理实验，主要包括粘度法测定相对分子质量、玻璃化转变温度的测定，溶液、结晶形态以及流变性能的研究方法等；第Ⅳ部分为聚合物研究方法实验，主要包括紫外光谱、红外光谱、热重分析和差示扫描量热分析等；第Ⅴ部分为聚合物加工工程实验，主要包括塑料的挤出成型、注塑成型、浇注成型及性能测试实验、橡胶的成型及性能测试、复合材料的手糊成型等；第Ⅵ部分为高分子材料综合实验，主要包括塑料的共混改性实验设计、热熔胶的粘接性能、刺激响应性聚合物的合成及表面浸润性研究、热塑性塑料薄膜的表面处理及其表面性能的表征、水性涂料的研制、复合材料的制备及光固化修补、特种橡胶的硫化成型及其耐老化性能实验等。

本书由南昌航空大学多名长期从事实验教学、教研的教师编写，具体分工如下：第Ⅰ部分由周建萍老师编写，第Ⅱ部分由黄圣梅老师、周建萍老师编写，第Ⅲ部分由梁红波老师编写，第Ⅳ部分由邢跃鹏老师编写，第Ⅴ部分由王云英老师编写，第Ⅵ部分由周建萍老师、范红青老师编写。

本书的出版获得了南昌航空大学教材建设基金的资助。此外作者在编写过程中还参阅了很多相关的专业资料，在此向这些专业资料的作者及参与本书编写出版的人员一并表示感谢。

由于编者水平有限，书中难免存在疏漏和不足，敬请广大师生和读者批评指正！

编　者

2018 年 7 月于南昌航空大学

目　录

I 高分子材料的基本性能及其表征方法简介

高分子材料通常分为塑料、橡胶、纤维、复合材料、胶粘剂和涂料等。随着现代基础理论和实验方法的迅猛发展，高分子材料的合成工艺不断推陈出新，应用范围不断扩大。对于高分子材料专业的学生，不仅需要掌握产品的配方和合成工艺，还需了解产品的性能是否符合自己的要求以及如何选择实用的高分子材料。因此，了解高分子材料的基本理化性能、加工性能和使用特性是十分必要的。准确地对高分子材料进行性能测试和分析，是评价和应用各种新型高分子材料的前提条件，同样对研究新型高分子材料的组成与结构特点等也有着重要意义。

1.1 高分子材料的力学性能

力学性能是高分子材料在作为材料使用时需要考虑的最主要性能之一。它牵涉到高分子材料的材料设计、产品设计以及高分子材料的使用条件。因此了解高分子材料的力学性能数据是我们掌握和应用高分子材料的前提。

高分子材料力学性能数据主要包括模量(E)、强度(σ)、极限形变(ε)及疲劳性能(包括疲劳极限和疲劳寿命)。由于高分子材料在应用中的受力方式不同，高分子材料的力学性能表征又按不同受力方式给出了拉伸(张力)、压缩、弯曲、剪切、冲击、硬度、摩擦损耗等不同受力方式下的表征方法及相应的各种模量、强度、形变等可以代表高分子材料受力不同的各种数据。由于高分子材料类型的不同，实际应用及受力情况有很大的差异，因此不同类型的高分子材料，又有各自特殊的表征方法，例如纤维、橡胶的力学性能表征。

高分子材料力学性能方面的表征方法及原理简述如下：

1. 拉伸性能的表征

拉伸性能的测试在万能材料实验机上进行，实验时采用特定的样品夹具，在恒定的温度、湿度和拉伸速度下，对按一定标准制备的高分子材料试样进行拉伸，直至试样被拉断。仪器可自动记录不同拉伸时间卜被测样品的形变值和对应此形变值样品所受到的拉力(张力)值，同时自动画出应力-应变曲线。根据此应力-应变曲线，可确定样品的屈服点及相应的屈服应力值、断裂点及相应的断裂应力值，以及样品的断裂伸长值。将屈服应力、断裂应力分别除以样品断裂处的初始面积，即可得到该高分子材料的屈服强度σ_s值和拉伸强度(抗张强度)σ_b值。而样品断裂伸长值除以样品原长度，即为高分子材料的断裂伸长率ε。此外，在应力-应变曲线中，对应小形变的曲线(即曲线中直线部分)的斜率,即是高分子材料的拉伸模量(也称抗张模量)E 值。高分子材料试样拉伸断裂时,试样断面单维尺寸(厚或宽的尺寸)的变化值除以试样的断裂伸长率 ε 值,即为高分子材料样品的“泊松比”(μ)的数值。

2. 压缩性能、弯曲性能、剪切性的测试与表征

在万能材料实验机上,分别采用压缩实验、弯曲实验和剪切实验的样品夹具,在恒定的温度、湿度及应变速度下进行不同方式的力学实验,并根据各自对应的计算公式,可得到样品材料的压缩模量、压缩强度、弯曲模量、弯曲强度、剪切模量、剪切强度等数据。

3. 冲击性能的表征

一般采用摆锤式冲击实验机。先制备出符合标准求的样品,然后在恒定温度、湿度下,用摆锤迅速冲击被测试样,根据摆锤的质量和刚好使试样产生裂痕或破坏时的临界下落高度及被测样品的截面积,按下面的公式计算高分子材料试样的冲击强度,单位为 $kg \cdot cm/cm^2$(或冲击韧性,单位为 J/cm^2):

$$冲击强度=\frac{A}{bd}$$

式中:A 为冲断试样所消耗的功,单位为 $kg \cdot cm$;b 为试样宽度,单位为 cm;d 为试样的厚度,单位为 cm。如果采用带缺口的试样,则 d 为缺口处的剩余厚度。

4. 高分子材料单分子链的力学性能

一般使用原子力显微镜(AFM)。将高分子材料样品配成稀溶液,铺展在干净的玻璃片上,除去溶剂后得到一吸附在玻璃片上的高分子材料薄膜(厚度约 90 mm)。用原子力显微镜针尖接触、扫描样品膜,由于针尖与样品中高分子的相互作用,高分子链将被拉起,记录单个高分子链被拉伸时拉力的变化,直至拉力突然降至为零,可得到若干高分子链被拉伸时的拉伸力和拉伸长度曲线,由此曲线可估算单个高分子链的长度和单个高分子从凝聚态中被拉出时的“抗张强度”。

1.2 高分子材料的热性能

热性能是高分子材料的重要性质之一。高分子材料的热性能是高分子材料与热或温度相关的性能总和,它包括诸多方面,例如各种力学性能的温度效应、玻璃化转变、粘流转变、熔融转变以及热稳定性、热膨胀和热传导等。热分析技术在定性、定量表征材料的热性能方面有着广泛的应用。热分析技术主要包括:热重分析法(TG)、差热分析法(DTA)、差示扫描量热法(DSC)、热机械分析法(TMA)、动态热机械分析法(DMA)等。

1. 热重分析法

热重分析法(TG)是在程序控温下,测量物质的质量与温度的关系,通常可分为非等温热重法和等温热重法,它具有操作简便、准确度高、灵敏快速以及试样微量化等优点。用来进行热重分析的仪器一般称为热天平,其测量原理是:在给被测物加温的过程中,由于物质的物理或化学特性改变,引起质量的变化,通过记录质量变化时程序所走出的曲线,分析引起物质特性改变的温度点,以及被测物在物理特性改变过程中吸收或者放出的能量,从而来研究物质的热特性。

热重分析主要研究:①材料在惰性气体/空气/氧气中的热稳定性、热分解作用和氧化降解等化学变化;②涉及质量变化的所有物理过程,如测定水分、挥发物和残渣,吸附、吸收和解吸,汽化速度和汽化热,升华速度和升华热;③有填料的聚合物或共混物的组成等。

例如,热重分析法可以准确地分析出高分子材料中填料的含量。根据填料的物理化学特性,可以判断出填料的种类。一般情况下,高分子材料在500 ℃左右基本全部分解,因此对于600～800 ℃之间的失重,可以判断为碳酸盐的分解,失重量为放出的二氧化碳,并可以计算出碳酸盐的含量。剩余量即为热稳定填料的含量,如:玻纤、钛白粉、锌钡白等的含量。然而,热重分析只能得出填料的含量,不能分析出填料的种类,将热重分析残渣进行红外分析,便可判断出填料的种类。

2. 差热分析法

差热分析法(DTA)是应用得最广泛的一种热分析技术,它是在程序控制温度下,建立被测量物质和参比物的温度差与温度关系的技术。差热分析法的测量原理是将被测样品与参考样品同时放在相同的环境中升温,其中参考样品往往选择热稳定性很好的物质。同时给两种样品升温,由于被测样品受热发生特性改变,产生吸、放热反应,引起自身温度变化,使得被测样品和参考样品的温度发生差异。用计算机软件描图的方法记录升温过程和升温过程中温度差的变化曲线,最后获取温度差出现时刻对应的温度值(引起样品产生温度差的温度点),以及整个温度变化完成后的曲线面积,得到在该次温度控制过程中被测样品的物理特性变化过程及能量变化过程。

差热分析可以用于材料的玻璃化转变温度、熔融及结晶效应、降解等方面的研究,它可以在高温高压下测量高分子材料的性能,因此得到了广泛的应用。但是DTA也具有一定的局限性,它无法提供试样吸热、放热过程中热量的具体数值,所以DTA无法进行定量热分析和动力学研究。

3. 差示扫描量热法

差示扫描量热法(DSC)是按照程序改变温度,使试样与标样之间的温度差为零,测量两者单位时间的热能输入差。运用DSC技术可以测量玻璃化温度、融解、晶化、固化反应、比热容量和热历史等项目。试样的用量非常小,有数毫克就够了。另外,最近有一种最新的高分子测量方法叫做动态 DSC(温度调制 DSC),引起了人们的关注。

DSC 热差曲线在外观上与 DTA 几乎完全相同,只是曲线上离开基线的位移代表吸热或放热的速度,而峰或谷的面积代表转变时所产生的热量变化。DSC 中的试样任何时候均处于温度程序控制之下,因此,在 DSC 中进行的转变或反应,其温度条件是严格的,进行定量的动力学处理时在理论上没有缺陷。

玻璃化转变是高聚物的一种普遍现象。在高聚物发生玻璃化转变时,许多物理性能发生了急剧变化,如比热容、弹性模量、热膨胀、介电常数等。DSC 测定玻璃化转变温度 T_g 就是基于高聚物在 T_g 转变时比热容增加这一性质进行的。在温度通过玻璃化转变区间,高聚物随温度的变化,热容有突变,在 DSC 曲线上,表现为基线向吸热方向的突变,由此确定 T_g。

4. 热机械分析法

热机械分析法(TMA)是测量物质的形变量(尺寸变化)的技法。测量时按一定的程序改变试样的形态,如加载压缩、拉伸、弯曲等非振动性的负荷,以测量物质的形变量。加一个周期变化的应变量或应力,测量由此引起的应力或应变,以测量试样的力学性能,这就是动态机械热分析法(DMA)。

TMA 对研究和测量材料的应用范围、加工条件、力学性能等都具有十分重要的意义,可用它来研究高分子材料的热机械性能、玻璃化转变温度 T_g、流动温度 T_f、软化点、杨氏模量、应力松弛、线性膨胀系数等。

DMA 使高分子材料的力学行为与温度和作用的频率联系起来,可提供高分子材料的模量、粘度、阻尼特性、固化速率与固化程度、主级转变与次级转变、凝胶化与玻璃化等信息。这些信息又可用来研究高分子材料的加工特性、共混高聚物的相容性;预估材料在使用中的承载能力、减振、吸声效果、冲击特性、耐热性、耐寒性等。DMA 已被用来研究各种高分子共混物、嵌段共聚物和共聚反应等。

DMA 还可以用于高分子共混材料相容性的表征。聚合物共混是获得综合性能优异的高分子材料的卓有成效的途径,且共混物的动态力学性能主要由参与共混的两种聚合物的相容性所决定。如果完全相容,则共混物的性质和具有相同组成的无规共聚物几乎相同。如果不相容,则共混物将形成两相,用 DMA 测出的动态模量-温度曲线将出现两个台阶,损耗温度曲线出现两个损耗峰,每个峰均对应其中一种组分的玻璃化转变温度,且从峰的强度还可判断出共混物中相应组分的含量。

1.3 高分子材料的电性能

高分子材料的电学性能是指在外加电场作用下材料所表现出来的介电性能、导电性能、电击穿性质以及与其他材料接触、摩擦时所引起的表面静电性质等。对于某些功能高分子材料,压电和热电性、光导电性、电致发光性和电致变色性等也属于其

电学性能范畴。电学性能是材料最基本的属性之一,这是因为构成材料的原子和分子都是由电子的相互作用形成的,电子相互作用是材料各种性能的根源。

1. 介电性能

聚合物在外电场作用下储存和损耗电能的性质称介电性,这是由于聚合物分子在电场作用下发生极化引起的,通常用介电常数 ε 和介电损耗 $\tan\delta$ 表示。

聚合物介电性质研究的主要内容之一就是研究它的介电常数、介电损耗与温度、频率、电场强度等的相互关系。通过这些关系,我们可以获得材料内部结构与其性能之间的相关性,为开发研究具有特定性能的新型介电材料和更合理、更充分地利用现有材料提供理论基础。获得聚合物介电常数和介电损耗参数是上述研究内容的实践基础,具有举足轻重的地位。因此,聚合物介电性能测量主要是指其介电常数 ε 和介电损耗 $\tan\delta$ 的测量。

2. 导电性能

聚合物的导电性能与其化学组成、分子结构、组织成分等密切相关;研究聚合物的导电性能不仅可以将其作为导电和绝缘材料应用的理论基础,还可以通过导电性质研究聚合物材料的相关结构。

在聚合物的导电性能表征中,有时需要表征聚合物表面和体内不同的导电性,常用表面电阻率和体积电阻率表示。表面电阻率是指沿试样表面电流方向的直流场强与该处单位长度的表面电流之比;体积电阻率是指体积电流方向与直流场强与该处体积电流密度之比。

在材料两端施加电压 U 后产生的电流一般可以分成两个部分,其中在材料内部通过的称为体积电流 I_V,在材料表面流过的电流称为表面电流 I_S。电压除以体积电流得到的电阻值则被称为体积电阻 R_V。电压除以表面电流得到的电阻值则称为表面电阻 R_S。体积电阻和表面电阻为并联关系:

$$\frac{1}{R}=\frac{1}{R_V}+\frac{1}{R_S}$$

式中:R 为材料测量当中的总电阻。

体积电阻 R_V 与材料的性质和尺寸有关,可以表述为

$$R_V=\rho_V\times\frac{l}{S}$$

式中:l 和 S 分别表示被测样品的长度和面积;ρ_V 表示材料的体积电阻率,单位为 $\Omega\cdot\text{cm}$。体积电阻率是描述材料电阻特性的主要参数,仅和材料的属性有关。

材料的表面电阻通常用两个电极的长边(与被测材料表面接触)作为 B,两个电极之间的距离(样品的测量长度)作为 l,并施加测量电压 U 进行测试。材料的表面电阻率可以表示为

$$R_S=\rho_S\times\frac{l}{B}$$

式中：ρ_S 为表面电阻率，单位为 Ω。

材料的电性能通常可以采用 PC－68 型高阻计测量，根据上述公式计算出 ρ_S 和 ρ_V。

3. 电穿击性能

在强电场下，随着电场强度的进一步升高，电流-电压间的关系已不再符合欧姆定律，$\mathrm{d}U/\mathrm{d}I$ 逐渐减小，电流比电压增大得更快，当 $\mathrm{d}U/\mathrm{d}I=0$ 时，即使维持电压不变，电流仍继续增大，材料突然从介电状态变为导电状态。在高压下，大量电能迅速释放，使电极之间的材料局部烧毁，这种现象被称为介电击穿。$\mathrm{d}U/\mathrm{d}I=0$ 处的电压 U_b 称为击穿电压。击穿电压是介质可承受电压的极限。

介电强度的定义是击穿电压与绝缘体厚度 h 的比值，即材料能长期承受的最大场强：

$$E_\mathrm{b}=\frac{U_\mathrm{b}}{h}$$

式中：E_b 就是介电强度，或称为击穿强度，其单位为 $\mathrm{MV\cdot m^{-1}}$。

材料的电击穿性能，可以采用破坏性实验（击穿实验）和非破坏性实验（耐压实验）进行表征。

4. 静电性能

任何两个固体，不论其化学组分是否相同，只要其物理状态不同，其内部结构中的电荷载体的能量分布就不同。当这两个固体相互接触或摩擦时，其表面就会发生电荷再分配，重新分离之后，每一种物质都将带有比其接触前或摩擦前过量的正（负）电荷，这种现象称为静电现象。

1.4 高分子材料的光学性能

高聚物的重要而又实用的光学性能有吸收、透明度、折射、双折射、反射、内反射、散射等。它们是高聚物与入射光的电磁场相互作用的结果。

研究高聚物光学性能的意义：①高聚物光学材料具有透明、不易破碎、加工成型简便和价格低廉等优点，可制作镜片、导光管和导光纤维等；②可以利用光学性能的测定来研究高聚物的结构，如聚合物种类、分子取向、结晶等；③利用具有双折射现象的高聚物作光弹性材料，可以进行应力分析；④利用界面散射现象可以制备出彩色高聚物薄膜等。

1. 透明度

当光线垂直地射向非晶态高聚物时，除了一小部分在高聚物-空气的界面反射外，大部分进入高聚物，当其内部有疵痕、裂纹、杂质或少量结晶时，这些不均匀物会使光线产生不同程度的反射或散射，产生光雾，从而减少光的透过量，使透明度降低。

透明度是指前向透过的光强与入射光强之比，通常用分光光度计或积分球式光度计来测量。

透光率和雾度是透明材料两项十分重要的指标，如航空有机玻璃要求透光率大于90%，雾度小于2%。一般来说，透光率高的材料，雾度值低，反之亦然，但也不完全如此。有些材料透光率高，雾度值却很大，如毛玻璃。所以透光率与雾度值是两个独立的指标。

透光率是以透过材料的光通量与入射的光通量之比的百分数表示的，通常是指标准"C"光源一束平行光垂直照射薄膜、片状、板状透明或半透明材料，透过材料的光通量 T_2 与照射到透明材料入射光通量 T_1 之比的百分率，即

$$T_t = \frac{T_2}{T_1} \times 100\%$$

雾度又称浊度，是材料内部或表面由于光散射造成的云雾状或混浊的外观，以散射光通量与透过材料的光通量之比的百分率表示。它是通过测量无试样时入射光通量 T_1 与仪器造成的散光通量 T_3，有试样时通过试样的光通量 T_2 与散射光通量 T_4 来计算雾度值，即

$$H = (T_4/T_2 - T_3/T_1) \times 100\%$$

测试中，T_1、T_2、T_3、T_4 都是测量相对值，无入射时，接受光通量为0，当无试样时，入射光全部透过，接受的光通量为100，即为 T_1；此时再用光陷阱将平行光吸收掉，接受的光通量为仪器的散射光通量 T_3；若放置试样，仪器接受透过的光通量为 T_2，此时若将平行光用陷阱吸收掉，则仪器接收到的光通量为试样与仪器的散射光通量之和 T_4。因此根据 T_1、T_2、T_3、T_4 的值可计算透光率和雾度值。

2. 折射和双折射

当光从一种介质进入另一种介质时，由于两种介质中的传播速度不同，就产生折射现象。按照洛伦兹-洛伦茨关系式，一种材料的折射率 n 与物质的单位体积的分子极化度有关。分子极化度又是各单个基团极化度 a 的总和，a 和 n 都随分子中电子的数目及其活动性的增加而增加。高聚物分子的极化度等于其所含各键极化度之和。在高聚物中，碳原子的极化度比氢原子的大得多，因此大多数C—C链组成的高聚物的折射率都在1.5左右，只有含有易诱导极化的基团的高聚物(如含咔唑基的聚乙烯咔唑)才具有很高的折射率，约为1.7；而含有不易诱导极化的基团的高聚物则具有较低的折射率，如含氟的氟橡胶的折射率约为1.3。

非晶高聚物的分子链是无规线团，其所含各键的排列在各方向上的数量都一样，所以折射是各向同性的。非晶高聚物经取向制成的取向高聚物的分子内键的排列在各个方向上的数量不同，光线经过这种物质时会变成传播方向和振动相位不同的两束折射光，称为双折射现象。

在结构设计中，光弹性仪是对结构材料进行应力分析的有力工具，它是利用双折射现象和光的干涉原理制成的。这种应力分析方法一般采用环氧树脂的透明浇铸块

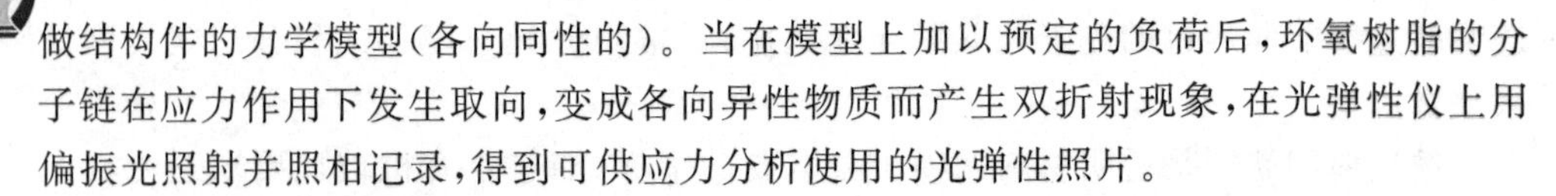

做结构件的力学模型(各向同性的)。当在模型上加以预定的负荷后,环氧树脂的分子链在应力作用下发生取向,变成各向异性物质而产生双折射现象,在光弹性仪上用偏振光照射并照相记录,得到可供应力分析使用的光弹性照片。

3. 反射和内反射

射在透明物体上的光除被折射外,还有一部分被反射。反射率与入射角有关,一般入射角小时反射率不高,当入射角相当大时,反射率就会很快升高。当 $\sin \alpha_i \geqslant 1/n$ 时(式中 α_i 为光从高聚物射入空气的入射角;n 为高聚物相对于空气的折射率)就会发生内反射,即光线不能射入空气中而全部被折回高聚物内。大多数高聚物的折射率约为 1.5,故 $\alpha_i = 42°$。利用光在高聚物中能发生全内反射的原理所制成的一种导管称为导光管,在医疗上可用它来观察内脏。用聚甲基丙烯酸甲酯为内芯,外层包以一层含氟高聚物可以制成一种传输普通光线的导光管。如果用高纯的钠玻璃制成内芯,外层包以氟橡胶,则可以制成能通过紫外线的导光管。

4. 散　射

当入射光通过物体,特别是通过非均质物体(如悬浮在透明流体中的微粒、悬浮在溶液中的高分子、高聚物中含有的杂质或缺陷)时,就会向各个方向发射,称为光的散射。利用光散射测定仪可以测定高聚物的相对分子质量(见高分子溶液的光散射)。

当物体中存在宏观上的多相,而且各折射率有差异或物体结构中各向异性体积单元的取向不同时,都会使物体的透明度有不同程度的降低,直到完全不透明。

在多相高聚物中,如果要使两种不同成分的聚合物成为透明度高的物质,那么这两种成分的折射率要相同或差异很小。缩小结构体积的尺寸,对增加高聚物的透明度更为重要。例如,聚乙烯是结晶体,其超分子结构的尺寸大于入射光的波长,光大部分被散射掉,而聚乙烯薄膜是在一定条件下经拉伸和取向制成的,其超分子结构尺寸小,光的散射就少,是一种较透明的薄膜。

1.5　高分子材料的磁性能

早期的磁性材料来源于天然磁石,之后才利用磁铁矿(铁氧体)烧结或铸造成磁性体。现在工业上常用的磁性材料主要有三大类:氧化体磁铁、稀土类磁铁和铝镍钴合金磁铁。

由于氧化体磁铁、稀土类磁铁和铝镍钴合金磁铁具有硬而脆、加工性差的缺点,无法制成复杂、精细的形状,因而在工业应用中具有很大的局限性。为了克服这些缺陷,将磁粉混炼于塑料或橡胶中,其获得的高分子磁性材料具有相对密度轻、易加工成尺寸精度高和复杂形状的制品等优点,因而受到人们的关注。现代科技发展迅猛,特别是在电子技术方面,磁性材料得到了广泛的应用。研究物质的磁性,开发新型磁

性材料，具有十分重要的意义。

磁性高分子材料主要分为结构型和复合型两大类。结构型磁性高分子材料是指本身具有强磁性的高分子材料，如聚双炔和聚炔类聚合物，含氮基团取代苯衍生物、聚丙烯热解产物等。复合型高分子磁性材料是由高分子材料与磁性材料按不同方法复合而成的一类复合材料，可分为粘接磁铁、磁性高分子微球和磁性离子交换树脂等不同类别，从复合材料概念出发，通称为磁性树脂基复合材料。

磁性材料常用磁滞回线来描述，其相关物理量分别如下：

① 饱和磁感应强度 B：其大小取决于材料的成分，它所对应的物理状态是材料内部的磁化矢量整齐排列。

② 矫顽力：是表示材料磁化难易程度的量，该数值取决于材料的成分及缺陷(杂质、应力等)。

③ 居里温度：铁磁物质的磁化强度随温度的升高而下降，当达到某一温度时，自发磁化消失，转变为顺磁性，该临界温度为居里温度，它确定了磁性器件的工作温度上限。

④ 剩余磁感应强度：是磁滞回线上的特征参数，为 H 回到 0 的 B 的值。

⑤ 磁导率：是磁滞回线上的任何点所对应的 B 与 H 的比值，该数值与器件工作状态密切相关，初始磁导率是磁化曲线在原点的斜率，最大磁导率是磁化曲线切线斜率的最大值即最陡峭的部分。

1.6　高分子材料的稳定性

高分子材料因具有很多优异的特性而被广泛应用于国民经济及国防工业等多个领域。然而，在长时间的光、热等条件下，这些材料也存在着降解问题，这就是高分子材料的稳定性。聚合物降解是指聚合物主链断裂，或主链保持不变而改变了取代基的过程。聚合物降解主要取决于聚合物本身的化学结构(尤其是化学键键能)。外界因素如应力、温度、含氧量、残余杂质都对聚合物降解有很大影响。

1. 聚合物的机械稳定性

机械降解是指聚合物分子受到的拉伸应力超过了聚合物分子内化学键所承受的能力时，聚合物分子链断裂的现象。在常用的聚合物中，部分水解的聚丙烯酰胺(HPAM)的机械稳定性较差，而黄胞胶却具有较好的抗剪切性。

2. 聚合物的生物稳定性

生物降解是聚合物驱中的一个主要问题。部分水解聚丙烯酰胺和生物聚合物都有可能存在生物降解问题，但生物聚合物的生物降解问题更为严重。如果聚合物在地面被生物降解，可能导致聚合物的注入问题。因为微生物会堵塞地层，影响注入能力，如果聚合物在地层被微生物降解，可能导致聚合物溶液的粘度损失，甚至丧失流

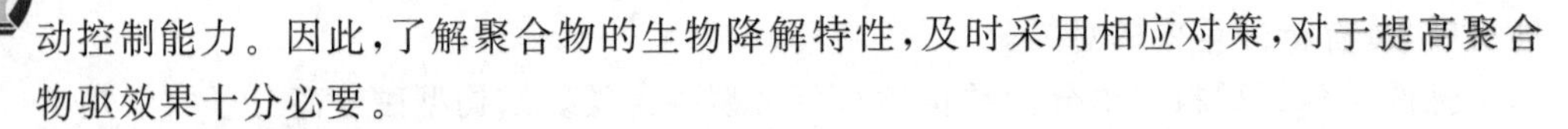

动控制能力。因此,了解聚合物的生物降解特性,及时采用相应对策,对于提高聚合物驱效果十分必要。

3. 聚合物的化学稳定性

化学降解是指在化学因素(氧、金属离子等)作用下,发生氧化还原反应或水解反应,使分子链断裂或改变聚合物结构,导致聚合物相对分子质量降低和其溶液粘度损失的一个过程。由于化学反应速率与温度紧密相关,因此又有热氧化学降解之称。

4. 聚合物的热稳定性

热稳定聚合物是指在较高使用温度下也不发生热分解反应的一类聚合物。提高聚合物热稳定性的有效途径有:尽量提高分子链中键的强度,避免弱键的存在及主链中引入较多芳杂环,减少亚甲基结构;合成梯形、螺形、片状结构的聚合物;加入热稳定剂等。

1.7 涂料的性能及其检测

涂料是高分子材料的一个重要分支,在实际应用中可以起到美观、保护、功能化等一种或多种用途,因而在国防、汽车、电子、建筑等众多领域有非常广泛的应用。

涂料的性能主要包括涂料自身的性状、涂装性能以及涂膜性能。

1.7.1 涂料自身性状及其检验

1. 固体份(参照国家标准《GB/T1725—2007》)

仪器设备:金属或者玻璃的平底皿,直径为(75±5)mm,边缘高度至少为5 mm;玻璃干燥器(内放变色硅胶);温度计(0~300 ℃);天平(能准确称量至 1 mg);鼓风恒温烘箱。

方法步骤:称取 2~4 g 涂料,精确至 0.01 g;然后置于已升温至规定温度的鼓风恒温烘箱内焙烘一定的时间,取出放入干燥器中冷却至室温后,称重,再放入烘箱内按规定温度焙烘规定时间,于干燥器中冷却至室温后,称重(同时取样 2 组以上);最后按照下式计算固体份:

$$固体份=\frac{烘烤后的样重}{取样重量}\times 100\%$$

2. 粘度(涂-4 杯)(参照国家标准《GB/T1723—93》)

仪器设备:涂-4 粘度计、温度计、秒表、玻璃棒、水平仪。

方法步骤:测定前须用纱布蘸溶剂将粘度计内部擦拭干净,在空气中干燥或用冷风吹干,注意漏嘴孔应清洁通畅。清洁处理后,调整水平螺钉,使粘度计处于水平位置,在粘度漏嘴下面放置 150 mL 盛器,用手堵住漏嘴孔,将试样倒满粘度计中,用

玻璃棒将气泡和多余的试样刮入凹槽，然后松开手指，使试样流出，同时立即启动秒表，当试样流束中断时止，停止秒表读数(秒)，即为试样的条件粘度。两次测定值之差不应大于平均值的3%。测定时试样温度为(25±1)℃。

涂-4粘度计的校正：用纯水在(25±1)℃条件下，按上述方法测定为(11.5±0.5)s，如不在此范围内，则粘度计应更换。

3. 细度(μm)(参照国家标准《GB/T 1724—2006》)

仪器设备：刮板细度计。

方法步骤：细度在30 μm及30 μm以下的，用量程为50 μm的刮板细度计；细度在30～70 μm时用量程为100 μm的刮板细度计。刮板细度计使用前必须用溶剂仔细洗净擦干。

将试样充分搅匀后，在细度计上方部分，滴入试样数滴。双手持刮刀，横置在磨光平板上端(在试样边缘外)，使刮刀与表面垂直接触，在3 s内，将刮刀由沟槽深部向浅的部位(向下)拉过，使漆样充满板上，不留有余漆。刮刀拉过后，立即(不超过5 s)使视线与沟槽平面成15～30°角，观察沟槽中颗粒均匀显露处，记下读数；如有个别颗粒显露在刻度线，当不超过3个颗粒时可不计。

平行实验3次，结果取2次相近读数的算术平均值。

4. 储存稳定性

涂料产品一般在购进入库之前应对其进行相应的检查和验收(产品取样按《GB 3186—88》执行)，以避免在涂装过程中可能产生的质量事故，造成生产延误和一系列的经济损失。

一般涂料产品的储存期为6～12个月，由于颜料密度较大，存放过程中难免会发生沉降，此时特别需要检查沉降结块程度。一般可用刮刀来检查，若沉降层较软，刮刀容易插入，则沉降层容易被搅起重新分散开来，待检查其他性能合格后，涂料可以继续使用。

检测时可通过目测观察涂料有无分层、发浑、变稠、胶化、返粗及严重沉降现象。对于存放时间较长或已达到或超过储存期的涂料品种，也应做相应检查。

涂料的沉降结块性也是评价涂料储存稳定性的手段，可用测力仪(见图1-1)来测定沉降程度。实验时将试样罐放在测力仪平台上，平台以15 mm/min的速度向上缓慢移动，仪器探头逐渐压入沉淀物中，记录仪就记录下探头在插入沉淀物时的阻力和深度，以此判断沉淀物的软硬。根据测得探头穿透力的大小，可确定沉淀物被重新搅起分散的能力，对应关系见表1-1。此测力仪也可以用来测定在一定时间内的沉降量，由记录仪记录下沉积量与时间的关系。

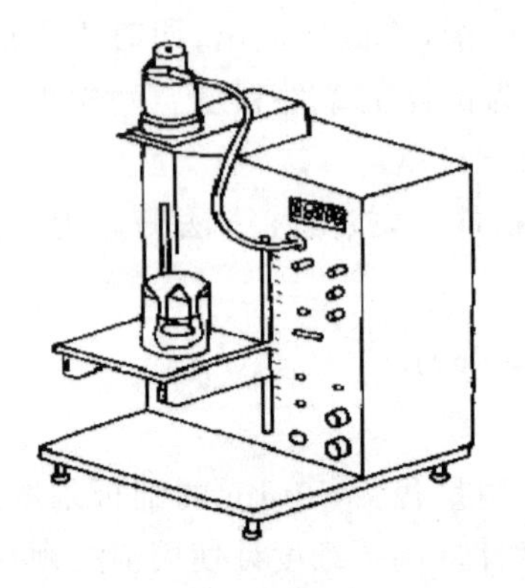

图 1-1　测力仪

表 1-1　涂料沉淀物特性参数

穿透力/N	沉淀物特性
<1	很软,易重新分散
1～2	软,分散性好
2～4	较硬,可以再分散
>6	很硬,不能再分散

1.7.2　涂料涂装性能及其检测

一般涂膜的制备：国家标准《GB1727—92 漆膜一般制备法》中列出了刷涂法、喷涂法、浸涂法和刮涂法等几种常用的涂膜制备方法。但在制备时需要依赖操作人员的技术熟练程度,涂膜的均匀性较难保证。因而当前普遍推行采用仪器制备涂膜,方法主要有旋转涂漆法和刮涂器法。涂料在涂膜完成后,通常需要考察下列性能：

1. 干燥性

涂料由液态涂膜转变为固态涂膜的过程称为干燥。涂料干燥程度分为表面干燥和实际干燥两个阶段。涂料干燥程度按国家标准《GB/T 1728—89》测定。

(1) 表面干燥时间测定

吹棉球法：在漆膜表面轻轻放一个脱脂棉球,用嘴距棉球 10～15 cm,沿水平方向轻吹棉球。如能吹走,膜面不留有棉丝,则认为表面干燥。

指触法：以手指轻触漆膜表面,如感到有些发粘,但无漆粘在手指上,则认为表面干燥。

(2) 实际干燥时间测定

压滤纸法：在漆膜上放一片(15 mm×15 mm)定性滤纸(光滑面接触漆膜),在滤纸上轻放干燥实验器(重 200 g,底面积 1 cm^2),同时启动秒表,经过 30 s,拿走干燥实验器,将样板翻转,滤纸能自由落下,或用手指在背面轻敲几下,滤纸能自由落下而无纸纤维留在漆膜上,即为实际干燥。

对于产品标准中规定漆膜允许稍有粘性的漆,如样板翻转经食指轻敲后,滤纸仍不能自由落下时,将样板放在玻璃板上,用镊子夹住预先折起的滤纸的一角,沿水平方向轻拉滤纸,当样板不动,滤纸已被拉下时,即使漆膜上粘有滤纸纤维亦认为漆膜实际干燥,但应标明漆膜稍有粘性。

压棉球法：在漆膜上放一个脱脂棉球,于棉球上再轻轻放上干燥实验器,同时启动秒表，经过 30 s 后，将干燥实验器和棉球拿掉，样板转动 5 min，观察漆膜有无棉球的痕迹及失光现象，漆膜上若留有 1～2 根棉丝，用棉球能轻轻掸掉，均认为漆膜实际干燥。

2. 涂膜重涂性

重涂性实验是在干燥后的涂膜上按规定进行打磨后，再按规定方法涂上同一种涂料，其厚度按产品规定要求，在涂饰过程中检查涂覆的难易程度。

咬底、渗色、不干通常是由于涂料使用不配套，或涂装间隔时间太短；涂装间隔时间太长或在旧漆膜上重涂则易产生结合力差的问题。

在按规定时间干燥后检查涂膜状况有无缺陷发生，必要时检测其附着力。

3. 涂膜厚度

涂膜的各项性能都以厚度作为条件参数，即漆膜性能只有在同等厚度下才有可比性。因此，漆膜厚度是涂料施工过程中很重要的一项控制指标。

漆膜厚度分别有湿膜厚度和干膜厚度。湿膜厚度用于施工现场对漆膜厚度的直接控制和调整，干膜厚度则用于质量监控与验收。

(1) 湿膜厚度的测定

湿膜厚度用带有深浅依次变化的锯齿金属板或圆盘，垂直压在湿膜表面，直接读取首先沾有湿膜的锯齿刻度。

(2) 干膜厚度的测定

干膜厚度的测定分为磁性法和涡流法两大类。

1）磁性法

磁性法是以探头对磁性基体磁通量或互感电流为基准，利用其表面非磁性涂层的厚度不同，对探头磁通量或互感电流的线性变化值来测定涂层厚度。因此磁性法只适合于测量磁性基体表面上的非磁性涂层。

用磁性法测量马口铁皮表面涂膜时，由于马口铁皮太薄(0.5～0.8 mm)，测量误差较大，可在马口铁皮背面衬以厚铁板或对仪器所带标准基板进行调零、校准和测试。测量时取距离试板边缘 1 cm 以外的上、中、下三个点的平均值。

2）涡流法

涡流法测试探头内置高频电流线圈，它在被测涂层内产生高频磁场，由此引起金属基体内部涡流，此涡流产生的磁场又反作用于探头内线圈，令其阻抗变化。随着表面涂层厚度的变化，探头与金属间的距离相应地发生变化，反作用于探头线圈的阻抗也发生相应的改变，测出探头线圈的阻抗就反映出涂层的厚度。

涡流法适用于测量非磁性金属基体上的非导电涂层厚度，对磁性基体表面的非磁性涂层厚度的测量也同样适合，并且这类测厚仪通常兼有电磁、涡流两种功能。

3）其他方法

由于磁性法和涡流法只能测量金属基体表面的涂膜厚度，对于非金属基体材料

(如塑料、木材、玻璃等)需采用其他方法。

以上测量方法都属于无损测厚,但作为仲裁方法,仍采用显微镜法,测试原理见图1-2。用一定角度的切割工具将涂层做"V"形缺口直至底材,用带有标尺的显微镜测定a'和b'的宽度,标尺分度已通过校准系数换算成微米级,因而从显微镜读取的是漆膜实际厚度(a 和b)。

4. 涂膜遮盖力

遮盖力是指色漆均匀地涂在物体表面上,遮盖住被涂基体表面底色的能力,多采用黑白格实验,以单位面积遮盖底色的最小用漆量来表示(g/m^2)。

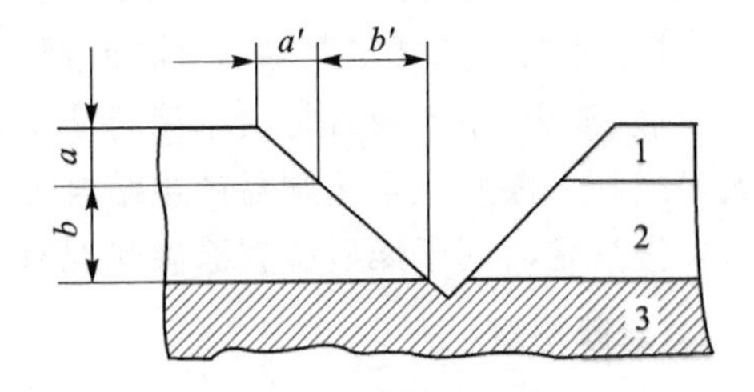

1—面漆;2—底漆;3—底材

图1-2 显微镜测厚原理示意图

按《GB/T1726—89》规定,采用在黑白格玻璃板表面刷涂或喷涂,国外则采用一次性的黑白格纸,使用较为方便。

汽车涂漆的遮盖力取决于颜料对光的散射和吸收程度,还跟颜料与基料之间的折射率之差有关系,遮盖力越高,色漆的施工面积越大。

对于白色和浅色漆,也可采用反射率测定仪,测定不同厚度的干膜在黑板和白板上的反射率之比,即对比率。当对比率等于0.98时,认为该厚度漆膜全部遮盖,根据厚度可计算出遮盖力。

5. 涂膜流平与流挂性

漆膜流平与流挂性,都可用锯齿状刮板刮涂后,观察厚度依次改变的相邻漆条流到一起或未流到一起的情况来评定涂料的流平能力或抗流挂性。

流平与抗流挂是一对矛盾,对于触变性优良的涂料,施工以后具有良好的流平能力和抗流挂性,涂膜光滑平整,膜厚均匀,外观装饰性良好。

6. 涂膜打磨性

由于在涂装作业过程中,总是需要进行局部的打磨修整,对于在旧漆膜表面涂漆或腻子表面涂漆,需要进行彻底的整体打磨。因此,打磨是涂装过程中必不可少的一道工序,打磨的难易程度直接影响到施工效率。

《GB 1770—2008 底漆、腻子膜打磨性测试法》中规定了DM-1型打磨性测定仪的机械打磨测定方法,试板装于仪器吸盘正中,磨头装上规定型号的水砂纸,仪器可自动进行规定次数的打磨,保证了相同负荷和均匀的打磨速度,所得结果比较准确。

打磨性一般以砂纸打磨时的沾砂性或打磨平整的难易程度来判断。若沾砂严重则打磨时感觉发腻,就不太容易打磨平整,打磨性就差。例如用300#水砂纸打磨30次,看是否易打磨不起卷;或用200#水砂纸、200 g质量下,打磨100次,应打磨平整。通常地,涂膜有较好的打磨性,软漆膜的打磨性很差。

1.7.3　涂膜的基本性能指标及检验方法

1. 涂膜的外观及光泽

通常在日光下用肉眼观察涂膜的样板有无缺陷，如刷痕、颗粒、起泡、起皱、缩孔等，一般与标准样板进行对比。

光线以一定的入射角度投射到涂膜表面，并以相应的角度反射出去的光量大小，就是光泽度。光泽的测定主要采用两大仪器，即光电光泽计和投影光泽计，前者用得较多，具体测试方法可参照国家标准《GB/T 1743—89》。

在一定的入射角下，若涂膜表面粗糙，平整度差，则散射光多，反射光少，光泽度就低。以60%光泽计测量的涂膜光泽分类如下：高光泽，≥70%；半光或中等光泽，30%～70%；蛋壳光，6%～30%；平光，2%～6%；无光，≤2%。

2. 涂膜的鲜映性

鲜映性是指涂膜表面反映影像（或投影）的清晰程度，以DOI值表示（Distinctness of Image）。它能表征与涂膜装饰性相关的一些性能（如光泽、平滑度、丰满度等）的综合效应。它可对飞机、汽车、精密仪器、家用电器，特别是高级轿车车身等的涂膜的装饰性进行等级评定。

鲜映性测定仪的关键装置是一系列标准的鲜映性数码板，以数码表示等级，分为0.1、0.2、0.3、0.4、0.5、0.6、0.7、0.8、0.9、1.0、1.2、1.5、2.0共13个等级，称为DOI值。每个DOI值旁印有几个数字，随着DOI值的升高，印的数字越来越小，用肉眼越不易辨认。观察被测表面并读取，可清晰地看到DOI值旁的数字，即为相应的鲜映性。

在《GB/T 13492—92》中，对各色汽车用面漆（Ⅰ型面漆），已有鲜映性规定，要求达到0.6～0.8。事实上，高档轿车涂膜的鲜映性要求DOI值在1.0以上；豪华轿车则要求DOI值在1.2以上，具有镜面的成像清晰度。

鲜映性测试仪有国产的QYG型、美国Pellegrini影像仪及日本的PGO-4鲜映性仪。

3. 涂膜的雾影测定

雾影是高光泽漆膜由于光线照射而产生的漫反射现象。雾影光泽仪是一台双光束光泽仪，其中参与光束可以消除温度对光泽以及颜色对雾影值的影响。仪器的主接收器接收漆膜的光泽，而副接收器则接收反射光泽周围的雾影。雾影值最高可达1 000，但评价涂料时，雾影值在250以下就足够，因此，仪器测试范围为0～250。涂料产品雾影值通常应定在20以下，因为涂膜雾影太大，将严重影响高光泽漆膜的外观，尤其对浅色漆影响更为显著。

4. 涂膜的颜色

测定涂膜颜色的一般方法是按《GB 9761—2008 色漆和清漆的目视比色》的规

定，将试样与标准同时制板，在相同的条件下施工、干燥后，在天然散射光线下目测检查或在CIE标准光源下将试样与标准色板重叠1/4面积，将光泽差别减至最小的角度观察试板，例如以接近垂直的方向进行观察。如试样与标准样颜色无显著区别，即认为符合技术容差范围。也可以将试样制板后，与标准色卡进行比较，或在比色箱CIE标准D65的人造日光照射下比较，以适合用户的需要。

另外，为避免人为误差的产生，国家标准《GB 11186.1.2—89 漆膜颜色的测量方法》规定用光谱光度计、滤光光谱光度计和刺激值色度计来测定涂膜颜色的方法，即通称的光电色差仪来对颜色进行定量测定，以把人们对颜色的感觉用数字表达出来。

5. 涂膜的白度

涂膜的白度一般用目测即可进行评定，但由于人们视觉的差异，不能对真正的白色作出客观的评价，故采用仪器测定。

6. 涂膜的硬度

硬度是表示涂层机械强度的重要性能之一，其物理意义可理解为涂层被另一种更硬的物体穿入时所表现的阻力。涂膜硬度通常有摆杆硬度和铅笔硬度两种表征方法。

(1) 摆杆硬度测定

摆杆硬度测定原理是接触涂膜的摆杆以一定周期摆动时，涂膜越软，则摆杆的摆幅衰减越快。《GB/T 1730—2007》中的A法，摆杆有科尼格(Konig)摆和珀萨兹(Persoz)摆两种。科尼格摆在测试前，应先在标准玻璃板上，将摆杆从6°～3°的阻尼时间校正为(250±10)s；珀萨兹摆则应先在标准玻璃板上，将摆杆从12°～4°的阻尼时间至少调整到420 s。《GB/T 1730—2007》的B法，采用双摆，测试前从5°～2°的摆动时间应校正到(440±6)s，结果以涂膜表面的阻尼时间与玻璃表面的阻尼时间比值来表示。

(2) 铅笔硬度测定(《GB/T 6739—2006》)

采用一套已知硬度的铅笔笔芯端面的锐利边缘，与涂膜成45°角划涂膜，以不能划伤涂膜的最硬铅笔硬度表示。用手工操作时，由于用力上的差别，偏差较大，可用专门的铅笔实验仪来测试。

铅笔划涂膜时，既有压力，又有剪切作用力，与摆杆的阻尼作用是不同的，它们之间没有换算关系。

(3) 其他硬度测定法

斯华特硬度是以金属圆环在漆膜来回摆动的次数来衡量的，灵敏度差，但测试要比摆杆阻尼法快，一般用于对涂膜的粗略测定。克利曼硬度为划痕测试(Scratch Test)，看一定负荷下涂膜是否被划透，或以涂膜被划透的最小负荷表示。测试仪有手动型和自动型，仲裁实验必须采用自动测试(《GB/T 9279—2006》)。

7. 涂膜的耐冲击性

冲击强度实验考察的是涂膜在高速重力作用下的抗瞬间变形而不开裂、不脱落

的能力。它综合反映了涂膜柔韧性和对底材的结合力。

涂膜的耐冲击性通常采用落锤冲击实验来考察，具体参照国家标准《GB/T 1732—93》中的规定。冲击实验器的重锤质量为 1 000 g±1 g，凹槽直径为 15 mm±0.3 mm，冲头进入凹槽的深度为 2 mm±0.1 mm（需经校正），重锤最大滑落高度为 50 cm，以 N·cm 表示。各国的冲击实验器的重锤质量和高度均不相同，其中《ISO 6272—1993》则定义为落锤实验，重锤 1 kg，高度 1 m。实验后的质量评定一般采用 4 倍放大镜观察有无裂纹和破损，但对于极微细裂纹较难观察，有些则采用 $CuSO_4$ 水溶液润湿 15 min 后，观察有无铜或铁锈色来判定。

8. 涂膜的柔韧性

根据国家标准《GB 1731—93 漆膜柔韧性测定法》中的规定，涂膜柔韧性测试采用轴棒测定器，测试时将涂漆的马口铁板在不同直径的轴棒上弯曲，以其弯曲后不引起漆膜破坏的最小轴棒的直径（mm）来表示。作 180°弯曲，检查漆膜开裂与否，以不发生漆膜破坏的最小轴棒直径表示。轴棒直径分别是 1 mm、2 mm、3 mm、4 mm、5 mm、10 mm、15 mm。此项测试结果是漆膜弹性、塑性和附着力的综合体现，并受测试时的变形时间与速度的影响。

另一类柔韧性测试器是锥形弯曲实验仪，避免了轴棒测试结果的不连续性。

9. 漆膜的附着力

附着力是指涂膜对底材表面物理和化学作用的结合力的总和。涂漆时涂料对底材的润湿性和底材表面的粗糙度也影响其附着力，测试方法分直接法和间接法。直接法主要是拉开法（《GB 5210—2006》），即测量把漆膜从底材表面剥离下来时所需的拉力。间接法如划痕硬度、冲击强度、柔韧性等都表现出涂膜的附着力，但一般使用划圈法和划格法来测试涂膜的附着力，操作快捷方便。

10. 涂膜的耐热性、耐寒性及耐温变性

涂膜耐热性的测定方法是采用鼓风恒温烘箱或高温炉，在达到产品标准规定的温度和时间后，对漆膜表面状况进行检查，或者在耐热实验后进行其他性能测试。

耐寒性检测，通常是将涂膜按产品标准规定放入低温箱中，保持一定时间，取出观察涂膜变化情况。

耐温变性检测通常是在高温 60 ℃保持一定时间后，再在低温如－20 ℃放置一定时间，如此反复若干次循环，最后观察涂膜的变化情况。

11. 涂膜的耐水性

按《GB/T 1733—93》规定，底板为 120 mm×25 mm×（0.2～0.3）mm 的马口铁板，涂膜经封边以后，将试板的 2/3 浸入（23±2）℃的水（或沸水）中，自规定时间以后取出，检查记录有无失光、变色、起泡、起皱、脱落生锈等现象和恢复时间。

12. 涂膜的耐汽油性测定

按《GB/T 1734—93》规定，底板为 120 mm×50 mm×（0.2～0.3）mm 的马口铁

板,将试板的2/3浸入(23±2)℃、120#的溶剂汽油中,至规定时间以后取出,检查记录有无起皱、起泡、剥落、变软、变色、失光等现象。

13. 涂膜的耐化学品性

依据国家标准《GB 1763—89 漆膜耐化学试剂性测定法》中的规定,用普通低碳钢棒浸涂或刷涂被试涂料,干燥7天后,测量厚度,将试棒的2/3面积浸入产品标准规定的酸或碱中,在(25±1)℃温度下浸泡。每24 h取出检查一次。每次检查均应用自来水冲洗、滤纸吸干,观察有无变色、失光、小泡、斑点、脱落现象。

14. 涂膜的耐盐水性

耐盐水测定通常是将试板面积的2/3浸入3%的NaCl水溶液中,按产品规定时间取出并检查。另外按国家标准《GB 1763—(79)88 漆膜耐化学试剂性测定法》中的规定,也可采用加温耐盐水法,实验温度为(40±1)℃,采用一套恒温设备控制。

15. 涂膜的耐盐雾性

盐雾实验是目前普遍用来检验涂膜耐腐蚀性的方法。按国家标准《GB/T 1771—2007 色漆和清漆耐中性盐雾性能的测定》规定执行。涂膜样板在具有一定温度(40±2)℃、一定盐水浓度(3.5%)的盐雾实验箱内每隔45 min喷盐雾15 min,经一定时间实验后,观察样板外观的破坏程度。按《GB 1740—2007》中的规定来评定等级。

在沿海地区,由于大气中充满着盐雾,对金属制品产生强烈的腐蚀作用,也对沿海地区的防护措施提出了严格的要求。因此在防腐蚀保护研究方面,一般采用盐雾实验作为人工加速腐蚀实验的方法。但在盐雾实验过程中,由于受盐雾浓度、喷雾压力、雾粒大小、盐雾沉降量等诸因素的影响,在不同类型实验设备中,所得结果差别较大,也存在着一些争议,但仍然被广泛地采用。

盐雾实验分中性盐雾实验(SS)和乙酸盐雾实验(ASS)。

中性盐雾按《GB/T 1771—2007》中的规定,氯化钠水溶液的浓度为50 g/L±5 g/L,pH值为6.5~7.2,温度为35 ℃±2 ℃。试板为150 mm×70 mm,需划叉的为150 mm×100 mm,且划痕离任一边的距离都应大于20 mm。试板与垂线夹角为25°±2°,被试面朝上置于盐雾箱内进行连续实验,每24 h检查一次,每一次检查时间不应超过30 min,并且试板表面不允许呈干燥状态。至规定时间后取出,检查记录起泡、生锈、附着力及由划痕处的腐蚀蔓延。中性盐雾测定的其他标准有ISO 7253、ASTM B117等。

乙酸盐雾实验是为了提高腐蚀实验效果(《GB 10125—88》)。盐雾的pH值为3.1~3.3,也有在乙酸盐水中加入氯化铜改性乙酸盐雾实验(CASS),进一步加快腐蚀实验速度。

盐雾实验也与干湿实验结合,用作汽车涂层的循环腐蚀实验考核。例如:在35 ℃、5%的NaCl溶液喷雾4 h→60 ℃、RH<35%、干燥2 h→50 ℃、RH>95%、潮

湿实验 2 h,重复此循环。

曝晒前 3 个月每半个月检查一次;3 个月到 1 年内,每月检查一次;一年以后,每 3 个月检查一次。检查失光、变色、粉化、长霉等现象,至预定时间或达到《GB/T 1766—2008》漆膜耐候性综合评级方法中“差级”的任一项时,终止实验。

为了加快大气老化实验速度,各国在装置上作了如下改进,用反射镜加强光照作用;曝晒架自动跟踪太阳转动装置,定时定量喷水装置。采用大气老化加速实验机,大大加快了大气老化实验速度。例如,美国的 EMMAQUA 实验机(反光率 83%)是装置了反光板、自动跟踪器,并且每天喷洒 7 次蒸馏水、每次 10 min 的大气加速老化机,实验速度可加快 6～12 倍。

16. 涂膜的耐老化性(耐候性)

涂膜老化实验是在人工模拟的大气环境条件中,考察漆膜的耐久性。为了缩短过长的实验时间,通常采用人工加速老化实验。《GB/T 1865—2009》规定采用 6 000 W 水冷式管状氙灯,样板与光源间的距离为 350～400 mm,实验室空气温度为 (38±3)℃,相对湿度为 40%～60%,降雨周期为每小时 12 min,也可根据特殊用途选择相宜的温度、湿度、降雨周期和时间。

实验样板前期每隔 48 h 检查一次,192 h 以后,每隔 96 h 检查一次。每次检查调换试板位置,直至漆膜老化实验结果达到《GB/T 1766—2008》漆膜耐候性综合评级方法中“差级”的任一项时,终止实验。

人工加速老化机设备结构复杂、价格昂贵、消耗功率大、实验费用高,因此,在一般的耐候性考核时,美国较多地采用 QUV 加速老化实验仪进行实验研究。紫外光源主辐射峰为 313 nm,辅助于氧气和水汽的作用,实验速度很快,特别适合于配方筛选。SUNTEST 实验仪则是小型实验仪,在近似太阳光的照射下,辅助于周期性喷水,对少量试板进行耐候性考察。

Ⅱ　高分子化学实验

实验一　甲基丙烯酸甲酯本体聚合

一、实验目的

(1) 通过实验了解本体聚合的基本原理和特点,并着重了解聚合温度对产品质量的影响。

(2) 掌握有机玻璃制造的操作技术。

二、实验原理

本体聚合又称为块状聚合,它是在没有任何介质的情况下,单体本身在微量引发剂的引发下聚合,或者直接在热、光、辐射线的照射下引发聚合。本体聚合的优点是:生产过程比较简单,聚合物不需要后处理,可直接聚合成各种规格的板、棒、管制品,所需的辅助材料少,产品比较纯净。但是,由于聚合反应是一个连锁反应,反应速度较快,在反应的某一阶段出现自动加速现象,反应放热比较集中;又因为体系粘度较大,传热效率很低,所以大量热不易排出,因而易造成局部过热,使产品变黄,出现气泡,而影响产品质量和性能,甚至会引起单体沸腾爆聚,使聚合失败。因此,本体聚合中应严格控制不同阶段的反应温度,及时排出聚合热,是聚合成功的关键。

当本体聚合至一定阶段后,体系粘度大大增加,这时大分子活性链移动困难,但单体分子的扩散并不受多大的影响,因此,链引发、链增长仍然照样进行,而链终止反应则因为粘度大而受到很大的抑制。这样,在聚合体系中活性链总浓度就不断增加,结果必然使聚合反应速度加快。又因为链终止速度减慢,活性链寿命延长,所以产物的相对分子质量也随之增加。这种反应速度加快,产物相对分子质量增加的现象称为自动加速现象(或称凝胶效应)。反应后期,单体浓度降低,体系粘度进一步增加,单体和大分子活性链的移动都很困难,因而反应速度减慢,产物的相对分子质量也降低。由于这种原因,聚合产物的相对分子质量不均一性(相对分子质量分布宽)就更为突出,这是本体聚合本身的特点所造成的。

对于不同的单体来讲,由于其聚合热不同、大分子活性链在聚合体系中的状态(伸展或卷曲)不同,故凝胶效应出现得早晚不同,其程度也不同。并不是所有单体都能选用本体聚合的实施方法,对于聚合热值过大的单体,由于热量排出更为困难,就

不易采用本体聚合，一般选用聚合热适中的单体，以便于生产操作的控制。甲基丙烯酸甲酯和苯乙烯的聚合热分别为56.5 kJ/mol和69.9 kJ/mol，它们的聚合热是比较适中的，工业上已有大规模的生产。大分子活性链在聚合体系中的状态，是影响自动加速现象出现早晚的重要因素，比如，聚合温度为50 ℃时，甲基丙烯酸甲酯聚合出现自动加速现象时的转化率为10%～15%，而苯乙烯在转化率为30%以上时，才出现自动加速现象。这是因为甲基丙烯酸甲酯对它的聚合物或大分子活性链的溶解性能不太好，大分子在其中呈卷曲状态，而苯乙烯对它的聚合物或大分子活性链溶解性能好，大分子在其中呈比较伸展的状态。以卷曲状态存在的大分子活性链，其链端易包在活性链的线团内，这样活性链链端被屏蔽起来，使链终止反应受到阻碍，因而其自动加速现象出现得就早些。由于本体聚合有上述特点，所以在反应配方及工艺选择上必然是引发剂浓度和反应温度较低，反应速度比其他聚合方法慢，反应条件有时会随阶段不同而异，对操作控制要求严格，只有这样才能得到合格的制品。

三、实验仪器和试剂

仪器：试管、平板玻璃(5 cm×10 cm)、弹簧夹、250 mL 锥形瓶、玻璃纸、牛皮纸。

试剂：甲基丙烯酸甲酯、过氧化二苯甲酰。

四、实验内容

1. 甲基丙烯酸甲酯本体聚合

① 取5支10 mL试管，预先用洗液、自来水和去离子水(或蒸馏水)依次洗干净、烘干备用。

② 在每支试管中分别加入引发剂，其用量分别为单体质量的0%、0.1%、0.5%、1%、3%。然后分别加入2 g新蒸馏的甲基丙烯酸甲酯，待引发剂完全溶解后，用包锡纸的软木塞盖上，静止在70 ℃的烘箱中，观察聚合情况，记录所得结果，并进行分析讨论。

2. 甲基丙烯酸甲酯铸塑本体聚合

① 将一定规格的两块普通玻璃板洗净烘干。用透明玻璃纸将橡皮条包好，使之不外露。将包好的橡皮条放在两块玻璃板之间的三边，用沾有胶水的描图纸把玻璃板三边封严，留出一边作灌浆用。制好的模具放入烘箱内，于50 ℃烘干。

② 在洁净的250 mL锥形瓶中称取单体质量0.1%的过氧化苯甲酰，然后加入30 mL的甲基丙烯酸甲酯单体，用包锡纸的软木塞盖上瓶口(软木塞上打孔，插上温度计)摇匀后，在90～95 ℃进行预聚，在预聚过程中仔细观察体系粘度的变化，当体系粘度稍大于甘油粘度时，立即取出放入冷水中冷却，停止聚合反应。预聚合时间约需20 min。

③ 将以上制好的预聚物，通过小玻璃漏斗，小心地由开口处灌入模具中(不要灌

得太满，以免外溢）。

④ 将注有浆液的模具放入 50 ℃的烘箱内低温聚合，当成柔软透明固体时，升温至 100 ℃下继续聚合 2 h，使之反应完全，然后再冷却至室温。

⑤ 将模具由烘箱中取出在空气中冷却，然后将模具放在冷水中浸泡，用小刀刮去封纸，取下玻璃片，即得到光滑无色透明的有机玻璃。

五、思考题及实验结果讨论

(1) 本体聚合与其他各种聚合方法比较，有什么特点？

(2) 制备有机玻璃时，为什么需要首先制成具有一定粘度的预聚物？

(3) 在本体聚合反应过程中，为什么必须严格控制不同阶段的反应温度？

(4) 凝胶效应结束后，提高反应温度的目的何在？

实验二　苯乙烯悬浮聚合

一、实验目的

(1) 了解悬浮聚合的反应原理及配方中各组分的作用。

(2) 了解悬浮聚合实验操作及聚合工艺的特点。

(3) 通过实验，了解苯乙烯单体在聚合反应上的特性。

二、实验原理

悬浮聚合是指在较强的机械搅拌下，借助悬浮剂的作用，将溶有引发剂的单体分散在另一与单体不溶的介质中（一般为水）所进行的聚合。根据聚合物在单体中溶解与否，可得透明状聚合物或不透明、不规整的颗粒状聚合物。像苯乙烯、甲基丙烯酸酯，其悬浮聚合物多是透明珠状物，故又称珠状聚合；而聚氯乙烯因不溶于其单体中，故为不透明、不规整的乳白色小颗粒（称为颗粒状聚合）。

悬浮聚合实质上是单体小液滴内的本体聚合，在每一个单体小液滴内单体的聚合过程与本体聚合是相类似的，但由于单体在体系中被分散成细小的液滴，因此，悬浮聚合又具有它自己的特点。由于单体以小液滴形式分散在水中，散热表面积大，水的比热容大，因而解决了散热问题，保证了反应温度的均一性，有利于反应的控制。悬浮聚合的另一优点是由于采用了悬浮稳定剂，所以最后得到易分离、易清洗、纯度高的颗粒状聚合产物，便于直接成型加工。

可作为悬浮剂的物质有两类：一类是可以溶于水的高分子化合物，如聚乙烯醇、明胶、聚甲基丙烯酸钠等；另一类是不溶于水的无机盐粉末，如硅藻土、钙镁的碳酸盐、硫酸盐和磷酸盐等。悬浮剂的性能和用量对聚合物颗粒大小和分布有很大影响。一般来讲，悬浮剂用量越大，所得聚合物颗粒越细，如果悬浮剂为水溶性高分子化合

物，则悬浮剂相对分子质量越小，所得的树脂颗粒就越大，因此悬浮剂相对分子质量的不均一会造成树脂颗粒分布变宽。如果是固体悬浮剂，则当用量一定时，悬浮剂粒度越细，所得树脂的粒度也越小，因此，悬浮剂粒度的不均匀也会导致树脂颗粒大小的不均匀。

为了得到颗粒度合格的珠状聚合物，除加入悬浮剂外，严格控制搅拌速度是一个相当关键的问题。随着聚合转化率的增加，小液滴变得很粘，如果搅拌速度太慢，则珠状不规则，且颗粒易发生粘结现象。但搅拌太快时，又易使颗粒太细，因此，悬浮聚合产品的粒度分布的控制是悬浮聚合中的一个很重要的问题。

掌握悬浮聚合的一般原理后，本实验仅对苯乙烯单体及其在珠状聚合中的一些特点作一简述。

苯乙烯是一个比较活泼的单体，易起氧化和聚合反应。在储存过程中，如不添加阻聚剂即会引起自聚。但是，苯乙烯的游离基并不活泼，因此，在苯乙烯聚合过程中副反应较少，不容易有链支化及其他歧化反应发生。链终止方式据实验证明是双基结合。另外，苯乙烯在聚合过程中凝胶效应并不特别显著，在本体及悬浮聚合中，仅在转化率为50%～70%时，有一些自动加速现象。因此，苯乙烯的聚合速度比较缓慢，例如与甲基丙烯酸甲酯相比较，在用同量的引发剂时，其所需的聚合时间比甲基丙烯酸甲酯多好几倍。

三、实验仪器和试剂

仪器：250 mL三口瓶、电动搅拌器、恒温水浴、冷凝管、温度计、吸管、抽滤装置。

试剂：苯乙烯、聚乙烯醇、过氧化二苯甲酰、甲醇。

四、实验步骤

(1) 在250 mL三颈瓶上，装上搅拌器和水冷凝管。量取45 mL去离子水，称取0.2 g聚乙烯醇(PVA)加入到三颈瓶中，开动搅拌器并加热水浴至90 ℃左右，待聚乙烯醇完全溶解后(20 min左右)，将水温降至80 ℃左右。

(2) 称取0.15 g过氧化二苯甲酰(BPO)于一干燥洁净的50 mL烧杯中，并加入9 mL单体苯乙烯(已精制)使之完全溶解。

(3) 将溶有引发剂的单体倒入三颈瓶中，此时需小心调节搅拌速度，使液滴分散成合适的颗粒度(注意开始时搅拌速度不要太快，否则颗粒分散得太细)，继续升高温度，控制水浴温度在86～89 ℃，使之聚合。一般在达到反应温度后2～3 h为反应危险期，此时搅拌速度控制不好(速度太快、太慢或中途停止等)，就容易使珠子粘结变形。

(4) 在反应3 h后，可以用大吸管吸出一些反应物，检查珠子是否变硬，如果已经变硬，即可将水浴温度升高至90～95 ℃，反应1 h后即可停止反应。

(5) 将反应物进行过滤，并把所得到的透明小珠子放在25 mL甲醇中浸泡

20 min，然后再过滤（甲醇回收），将得到的产物用约 50 ℃的热水洗涤几次，用滤纸吸干后，置产物于 50～60 ℃烘箱内干燥，计算产率，观看颗粒度的分布情况。

五、思考题

（1）试考虑在苯乙烯的珠状聚合过程中，随转化率的增长，其反应速度和相对分子质量的变化规律。

（2）为什么聚乙烯醇能够起稳定剂的作用？在悬浮聚合中，聚乙烯醇的质量和用量对颗粒度影响如何？

（3）根据实验的实践，你认为在珠状聚合的操作中，应该特别注意的是什么？为什么？

实验三　苯乙烯乳液聚合

一、实验目的

（1）通过实验对比不同量乳化剂对聚合反应速度和产物的相对分子质量的影响，从而了解乳液聚合的特点，了解乳液聚合中各组分的作用，尤其是乳化剂的作用。

（2）掌握制备聚苯乙烯胶乳的方法，以及用电解质凝聚胶乳和净化聚合物的方法。

二、实验原理

乳液聚合是指单体在乳化剂的作用下，分散在介质中加入水溶性引发剂，在机械搅拌或振荡情况下进行非均相聚合的反应过程。它既不同于溶液聚合，又不同于悬浮聚合，它是在乳液的胶束中进行的聚合反应，产品为具有胶体溶液特征的聚合物胶乳。

乳液聚合体系主要包括：单体、分散介质（水）、乳化剂、引发剂，还有调节剂、pH 缓冲剂及电解质等其他辅助试剂，它们的比例大致如下：

水（分散介质）：60%～80%（占乳液总质量）；

单体：20%～40%（占乳液总质量）；

乳化剂：0.1%～5%（占单体质量）；

引发剂：0.1%～0.5%（占单体质量）；

调节剂：0.1%～1%（占单体质量）；

其他：少量。

乳化剂是乳液聚合中的主要组分，当乳化剂水溶液超过临界胶束浓度时，开始形成胶束。在一般乳液配方条件下，由于胶束数量极大，胶束内有增溶的单体，所以在聚合早期链引发与链增长绝大部分在胶束中发生，以胶束转变为单体-聚合物颗粒，

乳液聚合的反应速度和产物相对分子质量与反应温度、反应地点、单体浓度、引发剂浓度和单位体积内单体-聚合物的颗粒数目等有关。而体系中最终有多少单体-聚合物颗粒主要取决于乳化剂和引发剂的种类和用量。当温度、单体浓度、引发剂浓度、乳化剂种类一定时，在一定范围内，乳化剂用量越多，反应速度越快，产物相对分子质量越大。乳化剂的另一作用是减少分散相与分散介质间的界面张力，使单体与单体-聚合物颗粒分散在介质中形成稳定的乳浊液。

乳液聚合的优点是：①聚合速度快，产物相对分子质量高。②由于使用水作介质，易于散热，温度容易控制，费用也低。③由于聚合形成稳定的乳液体系粘度不大，故可直接用于涂料、粘合剂、织物浸渍等。如需要将聚合物分离，除使用高速离心外，还可将胶乳冷冻，或加入电解质将聚合物凝聚，然后进行分离，经净化干燥后，可得固体状产品。它的缺点是：聚合物中常带有未洗净的乳化剂和电解质等杂质，从而影响成品的透明度、热稳定性、电性能等。尽管如此，乳液聚合仍是工业生产的重要方法，特别是在合成橡胶工业中应用得最多。

在乳液聚合中，当单体用量、引发剂用量、水的用量和反应温度一定时，若仅改变乳化剂的用量，则形成胶束的数目也要改变，最终形成的单体-聚合物颗粒的数目也要改变。当乳化剂用量多时，最终形成的单体-聚合物颗粒的数目也多，因此，它的聚合反应的速度及聚合物相对分子质量也会变大。

本实验的目的就是通过改变乳化剂的用量，在一定的聚合时间内，测量它的转化率及聚合物的相对分子质量。通过这些数据，讨论乳化剂用量对聚合反应速度及相对分子质量的影响。

三、实验仪器和试剂

仪器：三口瓶、回流冷凝管、电动搅拌器、恒温水浴、温度计、量筒、移液管、烧杯、抽滤装置。

试剂：苯乙烯、过硫酸钾、油酸钠、三氯化铝、氢氧化钠、乙醇、去离子水。

四、实验步骤

本实验分两组进行，第一组乳化剂用量为 0.300 0 g；第二组乳化剂用量为 0.600 0 g。乳化剂选用油酸钠。

引发剂的配制：每两组共称取 $K_2S_2O_8$ 0.300 0～0.350 0 g，放于干净的 50 mL 烧杯中，用移液管准确加入去离子水(或蒸馏水)，使引发剂的浓度达到 10 mg $K_2S_2O_8$/1 mL H_2O，使之溶解备用。

在装有温度计、搅拌器、水冷凝管的 250 mL 三颈瓶中加入 50 mL 去离子水(或蒸馏水)、乳化剂及 1 mL 10%的 NaOH(用移液管移取)。开始搅拌并水浴加热，当乳化剂溶解后，瓶内温度达 80 ℃左右时，用移液管准确加入 10 mL $K_2S_2O_8$ 溶液及 10 mL 苯乙烯单体，迅速升温至 88～90 ℃，并维持此温度 1.5 h，而后停止反应。

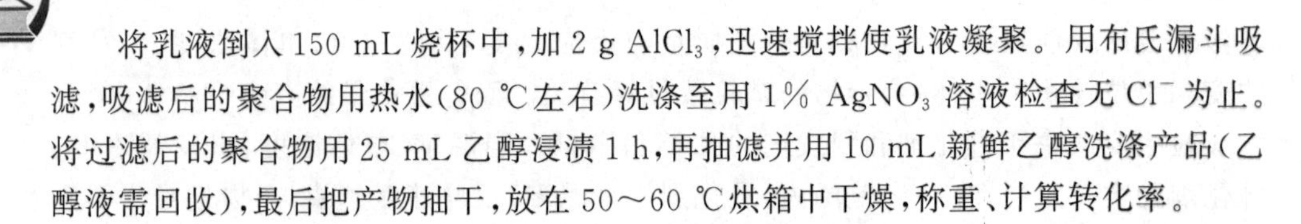

将乳液倒入150 mL烧杯中，加2 g $AlCl_3$，迅速搅拌使乳液凝聚。用布氏漏斗吸滤，吸滤后的聚合物用热水(80 ℃左右)洗涤至用1% $AgNO_3$ 溶液检查无 Cl^- 为止。将过滤后的聚合物用25 mL乙醇浸渍1 h，再抽滤并用10 mL新鲜乙醇洗涤产品(乙醇液需回收)，最后把产物抽干，放在50～60 ℃烘箱中干燥，称重、计算转化率。

五、思考题

(1) 根据乳液聚合机理和动力学，解释乳液聚合反应速度快和相对分子质量高的特点。

(2) 为了做好条件对比实验，在实验中应特别注意哪些问题?

(3) 试说明在后处理中聚合物用热水及乙醇处理的目的是什么?

(4) 根据实验结果，讨论乳化剂在乳液聚合中的作用。

(5) 试对比本体聚合、悬浮聚合、溶液聚合和乳液聚合的特点。

实验四　丙烯酸酯的无皂乳液聚合

一、实验目的

(1) 掌握丙烯酸酯无皂乳液聚合的基本方法和工艺路线。

(2) 理解无皂乳液聚合及其特点。

(3) 了解丙烯酸酯乳液中各单体对产品性能的影响。

二、实验原理

丙烯酸酯乳液是指丙烯酸酯类单体的均聚物、共聚物以及与其他乙烯基类单体的各种共聚物。与其他合成高分子树脂相比，丙烯酸酯乳液具有许多突出的优点，如优异的耐候性、耐紫外光照射、耐热性、耐腐蚀、耐化学品沾污以及极好的柔韧性、保光性、粘附力等，已广泛应用于橡胶、塑料、涂料、胶粘剂、织物整理剂中。

合成丙烯酸酯乳液的单体有几十种，根据聚合单体赋予涂膜的性能可分为三种类型：软单体、硬单体和功能单体，如表2-1所列。

表2-1　丙烯酸酯单体及玻璃化温度

单体类别	单体名称	密度/(g·cm^{-3})	T_g/℃	主要特征
软单体	丙烯酸乙酯(EA)	0.923 4	−22	臭味大
	丙烯酸丁酯(BA)	0.880	−55	粘性大
	丙烯酸异辛酯(2-EHA)	0.887	−70	粘性大

续表 2-1

单体类别	单体名称	密度/(g·cm^{-3})	T_g/℃	主要特征
硬单体	醋酸乙烯酯(VAc)	0.931 7	22	廉价,内聚力,易黄变
	丙烯腈(AN)		97	内聚力,有毒
	丙烯酰胺	1.122	165	内聚力
	苯乙烯(St)	0.500	80	内聚力,易黄变
	甲基丙烯酸甲酯(MMA)	0.944	105	内聚力
	丙烯酸甲酯	0.95	8	内聚力,有亲水性
功能单体	甲基丙烯酸	1.01	228	粘合力和交联点
	丙烯酸(AA)	1.05	106	粘合力和交联点
	丙烯酸羟乙酯	1.103 8	−60	交联点
	丙烯酸羟丙酯	0.789	−60	交联点
	甲基丙烯酸羟乙酯	1.074	86	交联点
	甲基丙烯酸羟丙酯	1.066	76	交联点
	甲基丙烯酸缩水甘油酯	1.073		可自交联
	马来酸酐	1.480		粘性和交联点
	N-羟甲基丙烯酰胺	1.074		自交联
	甲基丙烯酸三甲胺乙酯		13	交联点,可自乳化

软单体是指其均聚物玻璃化温度(T_g)较低的4～17碳原子的丙烯酸烷基酯单体,其长链侧基缓和了高分子链间的相互作用,起到增塑的效果,常用的有丙烯酸丁酯(BA)。它的主要特点是比较柔软,有足够的冷流动性,易于润湿被粘物表面,能较快地填补粘附表面的参差不齐,具有较好的初粘力和剥离强度。软单体聚合物的强度一般不高,尤其是那些玻璃化温度很低、相对分子质量较小的聚合物,一般不单独使用。

硬单体是那些能产生较高 T_g 的均聚物并能与软单体共聚的(甲基)丙烯酸酯或其他烯类单体,常用的有丙烯酸甲酯(MA)、甲基丙烯酸甲酯(MMA)、乙酸乙烯酯(VAC)和甲基丙烯酸正丁酯(BMA)等。它们的主要特点是与软单体共聚后能产生具有较好的内聚强度和较高使用温度的共聚物。

功能单体是那些带有各种官能基团,能与上述软、硬单体共聚的烯类单体,常用的有(甲基)丙烯酸、马来酸(酐)、(甲基)丙烯酰胺、衣康酸等。少量的这类单体与软、硬单体共聚后,可以得到具有官能团的丙烯酸酯共聚物,这些极性很大的官能团能够使丙烯酸酯树脂的内聚强度和粘合性能得到显著提高,尤为重要的是,能够通过这些官能团将共聚物进行化学改性,使丙烯酸酯树脂的内聚强度、耐热性和耐老化性等性能得到大大提高。但交联也降低了聚合物分子链的自由度,使剥离强度、初粘性下降,只有控制合理的交联密度才能获得性能优良的聚合物乳液。

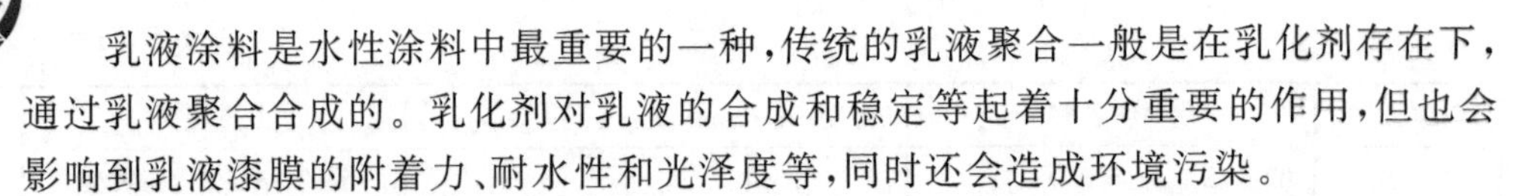

乳液涂料是水性涂料中最重要的一种,传统的乳液聚合一般是在乳化剂存在下,通过乳液聚合合成的。乳化剂对乳液的合成和稳定等起着十分重要的作用,但也会影响到乳液漆膜的附着力、耐水性和光泽度等,同时还会造成环境污染。

所谓无皂乳液聚合(Soap-Free Emulsion Polymerization,简称 SFEP),即指完全不含乳化剂或少量乳化剂的乳液聚合。但少量乳化剂所起的作用与传统乳液聚合完全不同,乳液的稳定主要是通过亲水性单体共聚、引发剂碎片电荷及聚合型乳化剂等来达到的。由于不含小分子乳化剂,所以聚合物涂膜的性能获得很大改善。同时,在 SFEP 中也存在成核、增长和终止三个阶段。在以上三个阶段中,成核与增长阶段的反应机理与乳液的性能密切相关。

无皂乳液聚合所制备的聚合物微球的主要特点是单分散性,微球尺寸较常规乳液聚合的大。无皂乳液聚合所制备的乳胶粒子表面具有比较"洁净"的特点,它避免了传统乳液聚合中乳化剂带来的许多弊端,如乳化剂消耗大,不能完全从聚合物中除去从而影响产品纯度及性能等。而无乳化剂乳液聚合仅需加入电解质(如 NaCl),依靠引发剂残基或依靠单体、极性基团在微球表面形成带电层即可使乳液稳定。

三、实验仪器和试剂

仪器:电子天平、水浴锅、搅拌器、250 mL 三口烧瓶、回流冷凝管、恒压滴液漏斗、50 mL 烧杯、称量纸、滴管(5 支)、广泛 pH 试纸、25 mL 量筒。

试剂:甲基丙烯酸甲酯(MMA)、丙烯酸丁酯(BA)、丙烯酸(AA)、甲基丙烯酸羟乙酯(HEMA)、过硫酸铵(APS)、碳酸氢钠($NaHCO_3$)、烯丙氧基壬基苯氧基丙醇聚氧乙烯醚硫酸铵(SE－10N)、氨水、去离子水。

四、实验步骤

本实验分两组进行,第一组丙烯酸丁酯用量为 25 g;第二组丙烯酸丁酯用量为 20 g。

基本配方:丙烯酸丁酯(BA)和甲基丙烯酸甲酯(MMA)的用量总和为 50 g,丙烯酸(AA)为 1 g,HEMA 为 1 g,APS 为 0.25 g,碳酸氢钠为 0.15 g,APS 为 0.3 g,去离子水为 60 g。

引发剂的配制:称取 0.25 g 过硫酸铵(APS),放于干净的 50 mL 烧杯中,用量筒准确加入去离子水(或蒸馏水)25 g,使引发剂的浓度达到 10 mg $K_2S_2O_8$/1 mL H_2O,使之溶解备用。

在装有温度计、冷凝管、滴加装置的三口反应瓶中加入 30 mL 去离子水,升温至 70 ℃,加入 15%混合单体、SE－10N、$NaHCO_3$,以约 300 r/min 的搅拌速度搅拌约 10 min,升温至 80 ℃,加入 20%的引发剂溶液,保温 1 h。然后滴加剩余单体和引发剂,2 h 滴完。保温反应 0.5 h 后升温至 90 ℃,再保温反应 1 h。降温至 40 ℃以下,用氨水调节 pH 值为 7～8 ,出料。

产物的固含量测定:自制一个锡箔纸槽,取丙烯酸酯乳液 5.0 g,将其放在

100 ℃烘箱中烘干，通过计算烘干前后样品重量的变化来计算固含量。

漆膜实验：取一洁净打磨的马口铁板，按照标准成膜，待水挥发 20 min 后，将马口铁放入 60 ℃烘箱干燥 1 h，测试涂层的硬度、柔韧性、附着力，并与另一组实验进行对比。

五、思考题

(1) 可以采用哪些方法来实现无皂乳液聚合？

(2) 在丙烯酸酯乳液中，丙烯酸酯乳液中各单体对产品性能有何影响？

实验五　丙烯酰胺水溶液聚合

一、实验目的

(1) 掌握溶液聚合的方法及原理。

(2) 学习如何正确地选择溶剂。

(3) 掌握丙烯酰胺溶液聚合的方法。

二、实验原理

将单体溶于溶剂中而进行聚合的方法叫做溶液聚合。生成的聚合物有的溶解，有的不溶，前一种情况称为均相溶液聚合，后一种情况称为沉淀聚合。自由基聚合、离子型聚合和缩聚均可用溶液聚合的方法。

与本体聚合相比，溶液聚合体系具有粘度低、搅拌和传热比较容易、不易产生局部过热、聚合反应容易控制等优点。但由于溶剂的引入，溶剂的回收和提纯使聚合过程复杂化。只有在直接使用聚合物溶液的场合，如涂料、胶粘剂、浸渍剂、合成纤维纺丝液等，使用溶液聚合才最为有利。

进行溶液聚合时，由于溶剂并非完全是惰性的，对反应要产生各种影响，所以选择溶剂时要注意其对引发剂分解的影响、链转移作用、对聚合物的溶解性能的影响。

丙烯酰胺为水溶性单体，其聚合物也溶于水，本实验采用水为溶剂进行溶液聚合。与以有机物作溶剂的溶液聚合相比，其具有价廉、无毒、链转移常数小、对单体和聚合物的溶解性能好的优点。聚丙烯酰胺是一种优良的絮凝剂，水溶性好，广泛应用于石油开采、选矿、化学工业及污水处理等方面。

合成聚丙烯酰胺的化学反应简式如下：

$$n\ CH_2{=}CH{-}\underset{\underset{O}{\|}}{C}{-}NH_2 \xrightarrow{K_2S_2O_8} {-}\!\!\left[CH_2{-}\underset{\underset{C(=O)-NH_2}{|}}{CH}\right]\!\!{-}_n$$

三、实验仪器和试剂

仪器：三口瓶、球形冷凝管、温度计、搅拌器、烧杯、一次性杯子、玻璃棒。

试剂：丙烯酰胺、甲醇、过硫酸钾(或过硫酸铵)。

四、实验步骤

(1) 在 100 mL 三颈瓶上，装上搅拌器和水冷凝管。将 2.5 g(0.035 mol)丙烯酰胺和 20 mL 蒸馏水加入反应瓶中，开动搅拌，加热至 30 ℃左右使单体溶解。

(2) 称取 0.013 g 过硫酸铵于一洁净烧杯中，加入 5 mL 蒸馏水中使之完全溶解，将溶解好的引发剂溶液加入到反应瓶中，并用 5 mL 蒸馏水冲洗烧杯，冲洗液一并加入反应瓶中。

(3) 逐步升温至 90 ℃，并保温反应 1 h 左右，聚合物便逐渐生成。

(4) 反应完毕后，将得到的产物倒入盛有 80 mL 甲醇的 200 mL 烧杯中，边倒边搅拌，这时聚丙烯酰胺便沉淀出来。静置片刻，向烧杯中加入少量甲醇，观察是否仍有沉淀生成。若还有，则可再加少量甲醇，使聚合物沉淀完全。

(5) 过滤，将沉淀用少量甲醇洗涤后转移到表面皿上，在 30 ℃真空烘箱中干燥至恒重。称重，计算产率。

五、思考题

(1) 进行溶液聚合时，选择溶剂应注意哪些问题？

(2) 工业上在什么情况下采用溶液聚合？

(3) 如何选择引发剂，选择引发剂需考虑哪些因素？

实验六　酚醛树脂的缩聚

一、实验目的

(1) 学习逐步聚合的原理和实验方法。

(2) 熟悉不同催化条件制备酚醛树脂的方法。

二、实验原理

以酚类和醛类化合物缩合聚合得到的树脂，一般统称为酚醛树脂，它是世界上最早实现工业化的树脂。由于工艺简单、加工方便、性能优异，因此，迄今为止仍为工业生产中不可缺少的材料，在塑料中仍占有相当重要的地位。

由于树脂的形成反应比较复杂，到现在它的化学过程仍未完全弄清，它的结构也是非常复杂的。酸催化时，酚过量，生成线型酚醛树脂；碱催化时，醛过量，生成体型

酚醛树脂。

三、实验仪器和试剂

仪器：试管、烧杯、温度计、电热套、量筒等。

试剂：苯酚、甲醛、浓盐酸、浓氨水。

四、实验步骤

（1）安装仪器。

（2）在试管里加入苯酚 2.5 g 和 40%的甲醛溶液 2.5 mL，然后加入 1 mL 浓盐酸，用带玻璃导管的塞子塞好。

（3）在另一支试管中加入苯酚 2.5 g 和 40%的甲醛溶液 3～4 mL，然后加入 1 mL 氨水，用带玻璃导管的塞子塞好。

（4）将两只试管置于水浴中加热，记录下反应现象。（可以看到混合物开始剧烈沸腾。）

（5）等反应平稳进行时，继续加热，直到混合物变混浊，生成不溶于水的树脂。

（6）从水浴中取出试管，冷却，将试管中的混合物倒入蒸发皿中，使混合物静置分层，倒去上层的水，得到下层的酚醛树脂。观察形态和颜色。

五、实验注意事项

（1）由于反应剧烈，反应物可能会从玻璃导管中喷出，所以，当反应剧烈时，可适当取出试管，减缓反应速度，避免喷液。

（2）水浴水面要高于体系的液面。

六、思考题

制备酚醛树脂时，采用酸催化和碱催化的差别。

实验七　双酚 A 型低相对分子质量环氧树脂的制备

一、实验目的

掌握低相对分子质量双酚 A 型环氧树脂的制备条件及环氧值的测定方法及计算。

二、实验原理

当 2－3、2－4 以上多官能度体系单体进行缩聚时，先形成可溶、可熔的线型或支链低分子树脂，反应如继续进行，则形成体型结构，成为不溶、不熔的热固性树脂。体型聚合物由交联反应将许多低分子以化学键连成一个整体，所以具有耐热性好和尺寸稳定的优点。

体型缩聚也遵循缩聚反应的一般规律，具有“逐步”的特性。

以 2－3，2－4 官能度体系的缩聚反应如酚醛、醇酸树脂等在树脂合成阶段，反应程度应严格控制在凝胶点以下。

以 2－2 官能度为原料的缩聚反应先形成低分子线型树脂（即结构预聚物），相对分子质量为数百到数千，在成型或应用时，再加入固化剂或催化剂交联成体型结构，属于这类的有环氧树脂、不饱和聚酯树脂等。

环氧树脂是环氧氯丙烷和二羟基二苯基丙烷（双酚 A）在氢氧化钠（NaOH）的催化作用下不断地进行开环、闭环得到的线型树脂，如下式所示：

$$n\,\underbrace{CH_2-CH}_{\diagdown O \diagup}-CH_2Cl + n\,HO-C_6H_4-\overset{CH_3}{\underset{CH_3}{C}}-C_6H_4-OH \xrightarrow{NaOH}$$

$$\underbrace{CH_2-CH}_{\diagdown O \diagup}-CH_2-\left[O-C_6H_4-\overset{CH_3}{\underset{CH_3}{C}}-C_6H_4-O-CH_2-\underset{OH}{CH}-CH_2\right]_n$$

$$O-C_6H_4-\overset{CH_3}{\underset{CH_3}{C}}-C_6H_4-OCH_2-\underbrace{CH-CH_2}_{\diagdown O \diagup}$$

上式中 n 一般在 0 ～ 12 之间，相对分子质量相当于 340～3 800，$n=0$ 时为淡黄色粘滞液体，$n\geqslant 2$ 时为固体。n 值的大小由原料配比（环氧氯丙烷和双酚 A 的摩尔比）、温度条件、氢氧化钠的浓度和加料次序来控制。

环氧树脂粘结力强，耐腐蚀、耐溶剂、抗冲性能和电性能良好，广泛用于粘结剂、涂料、复合材料等。环氧树脂分子中的环氧端基和羟基都可以成为进一步交联的基团，胺类和酸酐是使其交联的固化剂。乙二胺、二亚乙基三胺等伯胺类含有活泼氢原子，可使环氧基直接开环，属于室温固化剂。酐类（如邻苯二甲酸酐和马来酸酐）作固化剂时，因其活性较低，须在较高的温度（150～160 ℃）下固化。本实验制备环氧值为 0.45 左右的低相对分子质量的环氧树脂。

三、实验仪器和试剂

仪器：三口瓶、滴液漏斗、分液漏斗、电动搅拌器、温度计、减压蒸馏装置、恒温水浴、油浴。

试剂：环氧氯丙烷、双酚 A、氢氧化钠、苯、去离子水。

四、实验步骤

1. 双酚 A 型环氧树脂的制备

将 23 g 双酚 A 和 28 g 环氧氯丙烷依次加入装有搅拌器、滴液漏斗和温度计的 250 mL 三颈瓶中。用水浴加热，并开动搅拌器，使双酚 A 完全溶解，当温度升至 55 ℃时，开始滴加 40 mL，20％的 NaOH 溶液，约 0.5 h 滴加完毕。此时温度不断升高，必要时可用冷水冷却，保持反应温度在 55～60 ℃，滴加完后，继续保持 55～60 ℃，反应 3 h。此时溶液呈乳黄色，加入苯 60 mL，搅拌，使树脂溶解后移入分液漏斗，静置后分去水层，再用水洗两次，将上层苯溶液倒入减压蒸馏装置中，先在常压下蒸馏去苯，然后在减压下蒸馏以除去所有挥发物，直到油浴温度达 130 ℃而没有馏出物时为止。趁热将烧杯中的树脂倒出，冷却后得琥珀色透明的、粘稠的环氧树脂，称重并计算产率。

2. 环氧值的测定

准确称取环氧树脂 0.5 g 左右，放入装有磨口冷凝管的 250 mL 锥形瓶中，用移液管加入 20 mL、0.2M 盐酸吡啶溶液，装上冷凝管，待样品全部溶解后(可在 40～50 ℃水浴上加热溶解)，回流加热 20 min，冷却至室温，以酚酞为指示剂，用 0.1M 标准 NaOH 溶液，滴至呈粉红色为止。用同样的操作做一次空白实验，计算环氧值。

$$\text{环氧值} = \frac{(V_0 - V_1)M}{10m}$$

式中：V_0 为空白滴定所消耗的 NaOH 标准溶液的体积数，mL；V_1 为样品滴定消耗的 NaOH 标准溶液的体积数，mL；M 为 NaOH 标准溶液的浓度，mol/L；m 为样品质量，g。

五、注　释

(1)开始滴加时速度要慢，否则会形成不易分散的固体。

(2)这时有一部分盐析出，不要将它倒入分液漏斗中，以免堵塞和不易分层。

(3)如冷却后树脂粘度大，就不易倒净，树脂瓶应立即用丙酮清洗(注意回收丙酮)。

(4)称取环氧树脂的方法，最好用减量法，即先称量瓶和树脂的总质量，然后再取出一部分树脂再称量，它们之间的差就是取出树脂的质量。环氧树脂是一种黏稠的液体，所以可以用小玻璃棒(长 5～6 cm)挑起约黄豆大小的一粒(约 0.5 g)，挑起后用手旋转，将拉出的丝卷在一起，千万不要拉很远，这样既污染了天平台面，又造成称量不准，小玻璃棒和树脂可一起投入锥形瓶中。

六、思考题

(1) 环氧树脂的反应机理及影响合成的主要因素是什么？

(2) 什么叫环氧当量及环氧值？

(3) 如果将 50 g 自己合成的环氧树脂用固化剂乙二胺固化，假设乙二胺过量 10％，则需要乙二胺多少克？

实验八　膨胀计法测定苯乙烯自由基聚合反应速率

一、实验目的

(1) 了解膨胀计法测定聚合反应速率的原理。

(2) 掌握膨胀计的使用方法。

(3) 掌握动力学实验的操作及数据处理方法。

二、实验原理

自由基聚合反应是合成聚合物的重要反应之一，目前世界上由自由基聚合反应得到的合成聚合物的数量居多。因此，研究自由基反应动力学具有重要意义。

聚合速率可由直接测定参加反应的单体或所产生的聚合物的量求得，这被称为直接法；也可以从伴随聚合反应的物理量的变化求出，此被称为间接法。前者适用于各种聚合方法，而后者只能用于均一的聚合体系。它能够连续地、精确地求得聚合物初期的聚合反应速率。

对于均一的聚合体系，在聚合反应进行的同时，体系的密度、粘度、折光度、介电常数等也都发生了变化。本实验就是依据密度随反应物浓度变化的原理而测定聚合速率的。聚合物的密度通常比其单体大，通过观察一定量单体在聚合时的体积收缩就可以计算出聚合速率。一些单体和聚合物的密度变化如表 2-2 所列。

为了增大质量体积随温度变化的灵敏度，观察体积收缩是在一个很小的毛细管中进行的，测定所用的仪器称为膨胀计(如图 2-1 所示)。其结构主要由两部分组成，下部是聚合容器，上部是连有带刻度的毛细管。将加有定量引发剂的单体充满膨胀计，在恒温水浴中聚合，单体转变为聚合物时密度增加，体积收缩，毛细管内液面下降。每隔一定时间记录毛细管内聚合混合物的弯月面的变化，可将毛细管读数按一定关系式对时间作图。再根据单体浓度，从而求出聚合总速率的变化情况。动力学研究一般限于低转化率，在 5％～10％之间。

表 2-2　单体和聚合物的密度

类　别	密度/($g \cdot mL^{-1}$)，25 ℃下		体积收缩/％
	单　体	聚合物	
丙烯酸甲酯	0.952	1.223	22.1
醋酸乙烯*	0.934	1.191	21.6

续表 2-2

类 别	密度/(g·mL^{-1}),25 ℃下		体积收缩/%
	单 体	聚合物	
甲基丙烯酸甲酯	0.940	1.179	20.6
苯乙烯	0.905	1.062	14.5
丁二烯*	0.627 6	0.906	44.4

*为 20 ℃时的数据。

根据“等活性理论”“稳态”“聚合度很大”三个基本假定,在引发速率与单体浓度无关时,引发剂引发的聚合反应速率方程式如下:

$$R_p = \frac{d[M]}{dt} = K_p\left(\frac{fK_d[I]}{K_t}\right)^{\frac{1}{2}}[M] \qquad (2-1)$$

式中:K_p、K_d、K_t 分别为链增长反应、引发剂分解和链终止反应速率常数;$[I]$为引发剂浓度;$[M]$为单体浓度;f 为引发效率。

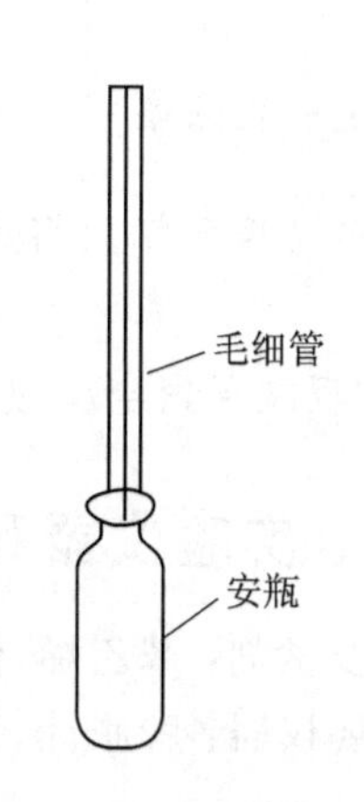

图 2-1 玻璃膨胀计示意图

在低转化率下,假定$[I]$保持不变,并将诸常数合并,得到

$$\frac{d[M]}{dt} = K[M] \qquad (2-2)$$

其中,

$$K = K_p\left(\frac{fK_d[I]}{K_t}\right)^{\frac{1}{2}}$$

经积分得

$$\ln\frac{[M]_0}{[M]_t} = Kt \qquad (2-3)$$

式中:$[M]_0$、$[M]_t$ 分别为单体的起始浓度、t 时浓度。

设膨胀计的体积(即苯乙烯的起始体积)为 V_0,苯乙烯完全聚合后的体积为 V_∞,t 时刻反应体系的体积为 V_t,则(V_0-V_∞)就是苯乙烯转化成聚苯乙烯总的体积收缩量,而 t 时刻所能达到的体积收缩量为(V_0-V_t),由于(V_0-V_∞)和(V_t-V_∞)分别与单体的起始浓度$[M]_0$ 和 t 时剩下的苯乙烯浓度$[M]_t$ 呈线性关系,将它们分别代入式(2-3)得

$$\ln\frac{V_0-V_\infty}{V_t-V_\infty} = Kt \qquad (2-4)$$

由于膨胀计毛细管的刻度是长度单位,故将上式分子、分母分别除以毛细管的横截面积即变换成长度:

$$\ln\frac{L_0 - L_\infty}{L_t - L_\infty} = Kt \tag{2-5}$$

由式(2-1)可知，聚合反应速率对单体浓度为一级反应，则 $\ln\frac{L_0 - L_\infty}{L_t - L_\infty}$对 t 作图为一直线，其斜率等于 K，而单体浓度已知，这样根据式(2-2)就可以计算出反应速率 R_p。又因为

$$K = K_p\left(\frac{fK_d[I]}{K_t}\right)^{\frac{1}{2}} \tag{2-6}$$

假定引发效率 f 为 0.8，K_d 值可以通过查阅相关手册或者《高分子化学》教材获得，$[I]$的浓度已知。将这些数值代入上式，就可以求得$\left(\frac{K_p}{K_t}\right)^{\frac{1}{2}}$值。这是一个重要的数值，它反映了聚合反应的特征，在相同引发效率下，聚合速率与$\left(\frac{K_p}{K_t}\right)^{\frac{1}{2}}$值成正比。

三、实验仪器和试剂

主要试剂：苯乙烯、偶氮二异丁腈(重结晶)、乙醚。

主要仪器：膨胀计、锥形瓶、温度计、恒温水浴。

四、实验步骤

在干净的150 mL锥形瓶中，用移液管取比膨胀计体积稍多的新蒸馏的苯乙烯，准确取0.1%的重结晶的偶氮二异丁腈，待偶氮二异丁腈溶解完全后，小心装满膨胀计，达到毛细管最下面的刻度即可，将膨胀计的活塞封死，不能漏液。然后将膨胀计固定在(80±0.1)℃的恒温水浴中，使毛细管伸出到外面。此时，膨胀计内的苯乙烯受热膨胀，沿毛细管上升，充满后将溢出的苯乙烯用滤纸拭去。

苯乙烯液体达到热平衡，体积稳定不变，记录下此时液面的刻度。这时应注意液面变动情况，以体积开始收缩时作为计时器的零时，同时启动秒表，每隔1 min，记录一次液体弯月面的刻度，直至液体通过毛细管的全部刻度。

实验一结束，就应取出膨胀计，倒出聚合混合液，小心地用乙醚反复清洗三次，以防进一步聚合堵塞毛细管。洗净后，放入烘箱中烘干，留作下一组用。

1. 数据处理

(1) 计算 L_0 值，即苯乙烯的起始体积所能装满的毛细管的高度，即

$$L_0 = \frac{V_0}{A}$$

其中，V_0 为膨胀计的体积，可由在一定温度下装满水的质量之差求出，或者通过滴定管滴定。A 为毛细管的横截面积，可由吸入一定长度的汞柱的质量差求得(这两个数据由老师给出)。

(2) 计算 L_∞ 值,即完全聚合聚苯乙烯的体积所能装满的毛细管的高度。

$$L_\infty = \frac{V_\infty}{A}$$

而

$$V_\infty = \frac{\text{苯乙烯质量}}{\text{聚苯乙烯密度}} = \frac{V_0 \cdot d(\text{苯乙烯},80\ ℃)}{d(\text{聚苯乙烯},80\ ℃)}$$

不同温度下苯乙烯和聚苯乙烯的密度如表 2-3 所列。

表 2-3　不同温度下苯乙烯和聚苯乙烯的密度

温度/℃ 密度/$(g \cdot mL^{-1})$ 名　称	25	70	80
苯乙烯	0.905	0.806	0.851
聚苯乙烯	1.062	1.046	1.044

(3) 记录的实验数据按表 2-4 处理。

表 2-4　实验数据

t/min	刻度读数	$L_t=L_\infty$	$\ln\frac{L_0-L_\infty}{L_t-L_\infty}$

(4) 作图。

选择时间间隔相同的实验数据,以 $\ln\frac{L_0-L_\infty}{L_t-L_\infty}$ 对时间 t 作图,应得到一条直线,其斜率就是 K。

最后分别求出聚合反应速率 R_p 和常数 $\left(\frac{K_p}{K_t}\right)^{\frac{1}{2}}$ 的值。

2. 注意事项

(1) 加入引发剂的量是以苯乙烯的质量为基准的,力求计算和称量准确,否则影响实验数据。

(2) 使用和清洗膨胀计应十分小心,不要损坏仪器。

(3) 实验一结束,就应立即清洗膨胀计,以免聚合物堵塞毛细管。

(4) 实验结束后,应等膨胀计冷却至室温再拧开旋钮,否则膨胀计易损坏。

五、思考题

(1) 实验求出的$\left(\frac{K_p}{K_t}\right)^{\frac{1}{2}}$值，除了推导动力学的三个基本假定外，在处理时还使用了哪些假定？

(2) 讨论本实验引起误差的主要原因及改进意见。

(3) 本体聚合的特点是什么？本体聚合对单体有何要求？

(4) 对于高转化率情况下的自由基聚合反应能用此法研究吗？

Ⅲ　高分子物理实验

实验一　粘度法测定聚合物的相对分子质量

粘度法是测定聚合物相对分子质量的方法，此法设备简单、操作方便，且具有较好的精确度，因而在聚合物的生产和研究中得到十分广泛的应用。本实验采用乌氏粘度计，测定水溶液中聚环氧乙烷树脂的相对分子质量。

一、实验目的

通过本实验要求掌握粘度法测定高聚物相对分子质量的基本原理、操作技术和数据处理方法。

二、实验原理

测定聚合物相对分子质量的方法虽然很多，但各种方法都有其优缺点和适用的局限性，由不同方法得到的相对分子质量的统计平均意义也不同，如表 3-1 所列。

表 3-1　相对分子质量的测定方法及其大致适用范围

测定方法	适用相对分子质量范围/($g\cdot mol^{-1}$)	平均相对分子质量
端基分析	3×10^4 以下	数均
沸点升高	3×10^4 以下	数均
冰点降低	3×10^4 以下	数均
气相渗透压	3×10^4 以下	数均
膜平衡渗透压	$5\times10^3\sim5\times10^6$	数均
光散射	$>10^2$	重均
光小角衍射	$>10^2$	重均
超离子沉降平衡	$10^4\sim10^6$	重均
超离子沉降速度	$10^4\sim10^7$	各种平均
稀溶液粘度	$>10^2$	粘均
凝胶渗透色谱	$>10^2$	各种平均

采用稀溶液粘度法测定聚合物的相对分子质量，所用仪器设备简单、操作便利，适用的相对分子质量范围大，又有相当好的实验精确度，因此粘度法是一种广泛应用的测定聚合物相对分子质量的方法。但它是一种相对方法，因为特性粘数与相对分子质量经验关系式中的常数要用其他测定相对分子质量的绝对方法予以制定，并且在不同的相对分子质量范围内，所以通常要用不同常数的经验式。

根据马克-哈温克经验公式：

$$[\eta]=KM_{\eta}^{\alpha} \tag{3-1}$$

若特性粘度$[\eta]$、常数 K 及 α 值已知，便可利用上式求出聚合物的粘均相对分子质量 M_{η}。K、α 是与聚合物、溶剂及溶液温度等有关的常数，它们可以从手册中查到。$[\eta]$值即用本实验方法求得。

由经验公式：

$$\frac{\eta_{SP}}{C}=[\eta]+[\eta]^{2}C \tag{3-2}$$

$$\frac{\ln \eta_{r}}{C}=[\eta]-\beta[\eta]^{2}C \tag{3-3}$$

可知：溶液的浓度 C 与溶液的比浓粘度 η_{SP}/C 或与溶液的比浓对数粘度 $\ln \eta_{r}/C$ 成直线关系，如图 3-1 所示。

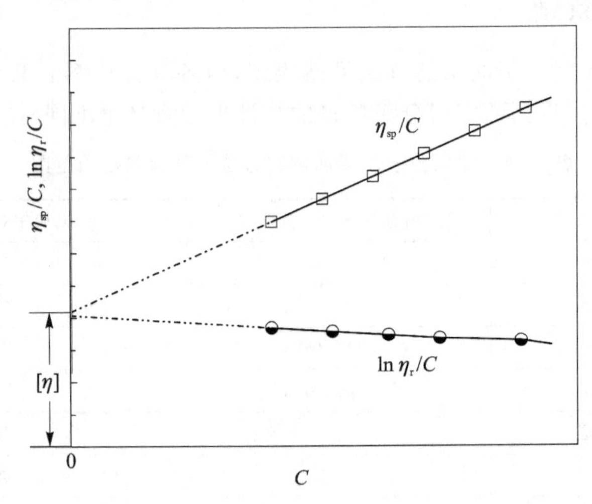

图 3-1　η_{sp}/C 与 C 和 $\ln \eta_{r}/C$ 与 C 的关系图

在给定体系中 K'和 β 均为常数，这样以 η_{SP}/C 对 C 或以 $\ln \eta_{r}/C$ 对 C 作图并将其直线外推至 $C=0$ 处，其截距均为$[\eta]$。所以$[\eta]$被定义为溶液浓度趋近于零时的比浓粘度或比浓对数粘度。

式(3-3)中 η_{r} 称为相对粘度，即为在相同温度下溶液的绝对粘度 η 与溶剂的绝对粘度 η_{0} 之比：

$$\eta_{r}=\eta/\eta_{0} \tag{3-4}$$

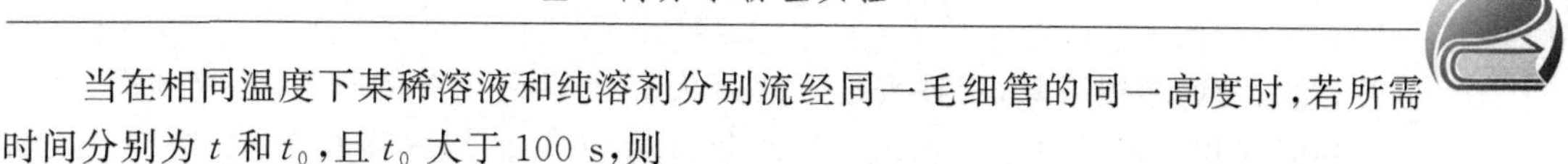

当在相同温度下某稀溶液和纯溶剂分别流经同一毛细管的同一高度时，若所需时间分别为 t 和 t_0，且 t_0 大于 100 s，则

$$\eta_r = t/t_0 \tag{3-5}$$

式(3-2)中 η_{sp} 称为增比粘度，它被定义为加入高聚物溶质后引起溶剂粘度增加的百分数，即

$$\eta_{sp} = \frac{\eta - \eta_0}{\eta_0} = \eta_r - 1 \tag{3-6}$$

这样，只需测定不同浓度的溶液流经同一毛细管的同一高度时所需的时间 t 及纯溶剂的流经时间 t_0，便可求得各浓度所对应的 η_r 值，进而求得各 η_{sp}、η_{sp}/C 及 $\ln \eta_r/C$ 的值，最后通过作图得到[η]值，这种方法称为外推法。

三、实验装置

乌式粘度计一个(见图 3-2)，恒温水槽一套(包括：自动搅拌器、继电器、水银接触温度计、调压器、加热器、50 ℃温度计)，秒表一块，5 mL、10 mL 移液管各一支，25 mL、50 mL 容量瓶各一个，2# 或 3# 熔砂漏斗两个，聚环氧乙烷样品，蒸馏水。

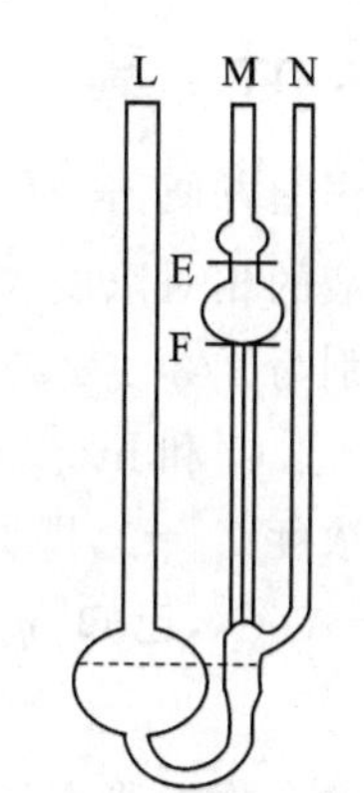

图 3-2　乌式稀释粘度计

四、实验内容

1. 玻璃仪器的洗涤

先用经熔砂漏斗滤过的水洗涤粘度计，倒挂干燥后，用新鲜温热的铬酸洗液(滤过)浸泡粘度计数小时后，再用(经熔砂漏斗滤过的)蒸馏水洗净，烘干后待用。其他如容量瓶、移液管也需无尘洗涤，干燥后待用。

2. 高分子溶液的配制

准确称取聚环氧乙烷 0.25～0.35 g，在烧杯中用少量水(10～15 mL)使其全部溶解，移入 25 mL 容量瓶中；用水洗涤烧杯 3～4 次，洗液一并转入容量瓶中，并稍稍摇晃作初步混匀；然后将容量瓶置于恒温水槽(30 ℃)中恒温，用水稀释至刻度，摇匀溶液；再用熔砂漏斗将溶液滤入一只 25 mL 的无尘干燥的容量瓶中，放入恒温水槽中待用。盛有纯溶剂的容量瓶也放入恒温水槽中恒温待用。

3. 溶液流出时间的测定

在粘度计的 M、N 管上小心地接入乳胶管，用固定夹夹住粘度计的管并将粘度计垂直放入恒温水槽中，使水面浸没 F 线上方的小球。用移液管从 L 管注入 10 mL 溶液，恒温 10 min 后，用乳胶管夹夹住 N 管上的乳胶管，在 M 管乳胶管上接一注射器，并缓慢抽气，待液面上升到 E 上方小球的一半时停止抽气，先拔下注射器，然后放开 N 管的夹子，让空气进入 M 管下端的小球，使毛细管内的溶液与 L 管下端的球分开，此时液面缓慢下降，用秒表记下液面从 E 线流到 F 线的时间，重复 3 次，每次所测的时间相差不超过 0.2 s，取其平均值，作为 t_1。然后再移取 5 mL 溶剂注入粘度计，将它充分混合均匀，这时溶液浓度为原始溶液浓度的 2/3，再用同样方法测定 t_2。

用同样的操作方法再分别加入 5 mL、10 mL 和 10 mL 溶剂，使溶液浓度分别为原始溶液的 1/2、1/3 和 1/4，测定各自的流出时间 t_3、t_4、t_5。

4. 纯溶剂流出时间的测定

将粘度计中的溶液倒出，用无尘溶剂（本实验中溶剂是水）洗涤粘度计数遍，测定纯溶剂的流出时间 t_0。

五、计　算

为作图方便，若原始溶液浓度为 C_0，稀释后的溶液浓度为 C，则 $C'=C/C_0$ 为稀释后溶液的相对浓度。那么依次加入 5 mL、5 mL、10 mL、10 mL 溶剂的溶液的相对浓度分别为 2/3、1/2、1/3、1/4。

以 η_{sp}/C' 和 $\ln\eta_r/C'$ 分别对 C' 作图，作图时可以在横坐标上以坐标纸的 12 格作为相对浓度 $C'=1$，即原始溶液，则其他溶液就位于 8、6、4 和 3 处，外推得到截距，那么 $[\eta]=A/C_0$，已知 $[\eta]=KM^{\alpha}$，那么

$$M_\eta=([\eta]/K)^{1/\alpha}$$

从聚合物手册查到聚环氧乙烷的水溶液在 30 ℃时，$K=1.25\times10^{-2}$，$\alpha=0.78$，代入上式计算 M_η。

六、实验报告要求

(1) 简述实验原理、操作步骤及注意事项（要求预习时完成）。

(2) 具有完整的原始记录（包括试样质量、浓度、原始时间记录）、计算公式及其结果。

(3) 根据实验结果进行讨论分析。

七、注意事项

(1) 粘度计和待测液体的洁净是决定实验成功的关键；由于粘度计内毛细管细小，很小的杂质如灰尘、纤维等都能阻塞毛细管或影响液体的流动，使测定的流出时间不可靠，所以放入粘度计的液体必须经 2# 或 3# 熔砂漏斗过滤，这里不能使用普通的滤纸。因为使用滤纸可能将纤维带入，新的熔砂漏斗使用前也应仔细洗涤，务必使玻璃屑全部除去，洗涤时所用的溶剂、洗液、自来水、蒸馏水等都应经过过滤，以保证粘度计等玻璃仪器的清洁无尘。

(2) 使用乌式粘度计时，要在同一支粘度计内测定一系列浓度成简单比例关系

的溶液的流出时间，每次吸取和加入的液体的体积要很准确。为了避免温度变化可能引起的体积变化，溶液和溶剂应在同一温度下移取。

(3) 在每次加入溶剂稀释溶液时，必须将粘度计内的液体混合均匀，还要将溶液吸到E线上方的小球内两次，润洗毛细管，否则重复测量溶液流出时间的误差大。

(4) 在使用有机物质作为聚合物的溶剂时，若使用盛放过高分子溶液的玻璃仪器，则应先用这种溶剂浸泡和润洗，待洗去聚合物及吹干溶剂等有机物质后，才可用铬酸洗液浸泡，否则有机物质会把铬酸洗液中的重铬酸钾还原，洗液将失效。

(5) 本实验中测定溶液和溶剂流出时间的顺序是：先测定高分子溶液的流过时间，然后再测纯溶剂的流过时间。因为测定高分子溶液的流过时间时，常会有高分子吸附在毛细管管壁，所以相当于高分子溶液流过了较细的毛细管，为了得到高分子溶液真实的相对粘度，需后测纯溶剂的流出时间，这样，纯溶剂流过的也是较细的毛细管，消除了高分子在毛细管上的吸附对结果的影响。反之如果在测定溶液之前测定纯溶剂的流过时间，此时毛细管并未被高分子吸附，纯溶剂将在较短的时间内流过毛细管，测定纯溶剂流过时间的毛细管状态就和测定溶液流过时间时的状态不一致，当高分子在毛细管管壁的吸附严重时，η_{sp}/C 对 C 的作图将是一条凹形的曲线。

八、思考题

(1) 为什么在配制试样溶液时需用移液管正确量取混合溶剂于锥形瓶中，而将溶剂或溶液倒入粘度计中时不需正确量取？

(2) 在本实验中影响数据正确性的关键是什么？

实验二 聚合物流变性能的测定

一、实验目的

(1) 掌握毛细管流变仪(包括MLW-400型计算机控制流变仪和XNR-400D型熔体流动速率仪)测定流变性能的方法。

(2) 了解毛细管流变仪(包括MLW-400型计算机控制流变仪和XNR-400D型熔体流动速率仪)的结构及测定聚合物流变性能的原理。

(3) 了解热塑性塑料在熔融状态时流动粘性的特征。

(4) 掌握流动活化能、表观粘度、离模膨胀比及熔融指数的计算方法。

二、实验原理

聚合物流变学是研究高分子液体，主要是指高分子熔体、高分子溶液，在流动状态下的非线性粘弹行为，以及这种行为与高分子结构及其他物理、化学性质的关系的科学。

很久以来，流动与变形是属于两个范畴的概念，流动是液体材料的属性，而变形是固体材料的属性。液体流动时，表现出粘性行为，产生永久变形，形变不可恢复并耗散掉部分能量。而固体变形时，表现出弹性行为，其产生的弹性形变在外力撤消时能够恢复，且产生形变时储存能量，形变恢复时还原能量，材料具有弹性记忆效应。通常液体流动时遵从牛顿流动定律——材料所受的剪切应力与剪切速率成正比，且流动过程总是一个时间过程，只有在一段有限时间内才能观察到材料的流动。而一般固体变形时遵从胡克定律——材料所受的应力与形变量成正比，其应力、应变之间的响应为瞬时响应。遵从牛顿流动定律的液体称牛顿流体，遵从胡克定律的固体称胡克弹性体。牛顿流体与胡克弹性体是两类性质被简化的抽象物体，实际材料往往表现出较为复杂的力学性质。如沥青、化工原材料，尤其是形形色色的高分子材料和制品，它们既能流动，又能变形；既有粘性，又有弹性；变形中会发生粘性损耗，流动时又有弹性记忆效应，粘、弹相结合，流、变性并存。对于这类材料，仅用牛顿流动定律和胡克弹性定律已无法全面描述其复杂的力学响应规律，必须采用高分子材料流变学对其进行研究。

高分子材料流变学研究的内容非常丰富，粗略地分，可分为高分子材料结构流变学和高分子材料加工流变学两大块。结构流变学又称微观流变学或分子流变学，主要研究高分子材料奇异的流变性质与其微观结构——分子链结构、聚集态结构之间的联系，以期通过设计大分子流动模型，获得正确描述高分子材料复杂流变性的本构方程，建立材料宏观流变性质与微观结构参数之间的联系，深刻理解高分子材料流动的微观物理本质。

加工流变学属于宏观流变学或唯象性流变学，主要研究与高分子材料加工工程有关的理论与技术问题。绝大多数高分子材料的成型加工都是在熔融或溶液状态下的流变过程中完成的，众多的成型方法为加工流变学带来了丰富的研究课题，诸如研究加工条件变化与材料流动性质及产品力学性质之间的关系，高分子材料典型加工成型操作单元（如挤出、注射、纺丝等）过程的流变学分析。加工流变学之所以重要并得到飞速发展，是因为人们在科学实践中认识到，高分子材料在成型加工中，加工力场与温度场的作用不仅决定了材料制品的微观形状和质量，而且对高分子链的形态、超分子结构和织态结构的形成和变化有极其重要的影响，是决定高分子制品最终结构和性能的中心环节。从这个意义上来讲，流变学应该成为研究高分子材料结构与性能关系的核心环节之一。事实上，当前流变学设计已成为高分子材料分子设计、材料设计、制品设计及模具与机械设计的重要组成部分。上述两方面的研究相互之间联系十分紧密，结构流变学提供的流变模型将为材料、模具和设备的设计以及最佳加工工艺条件的确定提供理论基础，而加工流变学研究的问题又为结构流变学的深化发展提供了丰富的素材和内容。与这两部分均有联系并自成体系的还有流变测量的问题。作为一门实验科学，正确地实施科学的、有价值的定量测量无疑对理论发展和正确描述实验事实均具有重要的意义。流变测量不仅涉及一般材料流动过程中与质量、动量和能量传递相关的问题，而且由于高分子材料复杂的流动行为，使流变测量

不仅在实验技术上，而且在测量理论本身都有许多值得研究的课题。

随着高分子材料流变学的蓬勃发展，流变测量的方法和仪器也日臻完善。流变测量的目的可归纳为以下三个方面：①物料的流变学表征。这是最基本的流变测量任务。通过测量掌握物料的流变性质与体系的组分、结构以及测试条件间的关系，为材料设计、配方设计、工艺设计提供基础数据，控制和达到期望的加工流动性和主要物理力学性能。②工程的流变学研究和设计。借助于流变测量研究聚合反应工程、高分子加工工程及加工设备与模具设计制造中的流场及温度场分布，确定工艺参数，研究极限流动条件及其与工艺过程的关系，为实现工程最优化，完成设备与模具CAD设计提供可靠的定量依据。③检验和指导流变本构方程理论的发展，这是流变测量的最高级任务。

常用的流变测量仪器可分为以下几种类型：①毛细管型流变仪，根据测量原理不同，分为恒速型(测压力)和恒压型(测流速)两种。塑料工业中常用的熔融指数仪属恒压型毛细管流变仪。②转子型流变仪，根据转子几何构造的不同，又分为锥-板型、平行板型、同轴圆筒型等。橡胶工业中常用的门尼粘度计可归为一种转子型流变仪。③混炼机型转矩流变仪，它实际上是一种组合式转矩测量仪。它带有一种小型密炼机和小型螺杆挤出机及各种口模，优点在于其测量过程与实际加工过程相仿，测量结果更具工程意义。④振荡型流变仪，用于测量小振幅下的动态力学性能，其结构同转子型流变仪，只是通过改造控制系统，使其转子不是沿一个方向旋转，而是做小振幅的正弦振荡，所谓的 Wessenberg 流变仪属于此类。

毛细管型流变仪是目前发展得最成熟、应用得最广泛的流变测量仪之一，其主要优点在于操作简单、测量准确、测量范围宽。毛细管型流变仪既可以测定聚合物熔体在毛细管中的剪切应力和剪切速率的关系，又可以根据挤出物的直径和外观以及在恒定压力下通过改变毛细管的长径比来研究熔体的弹性和不稳定流动现象，从而预测聚合物的加工行为，作为选择复合物配方、寻求最佳成型工艺条件和控制产品质量的依据。

毛细管流变仪测试的基本原理是：假设不可压缩的粘性液体在一个刚性、水平、无限长的毛细管中，做等温、稳定的层流运动，而且流体在管壁无滑动，出入口压力的影响可忽略不计。毛细管两端的压力差为 ΔP，流体具有粘性，受到来自管壁与流动方向相反的作用力，通过粘滞阻力与推动力相平衡，可推导得到管壁处的剪切应力(τ_w)和剪切速率(γ_w)与压力、熔体流量的关系，即

$$\tau_w = \frac{R \cdot \Delta P}{2L}$$

式中：R 为毛细管的半径，单位为 cm；L 为毛细管的长度，单位为 cm；ΔP 为毛细管两端的压力差，单位为 Pa。

$$\gamma_w = \frac{4Q}{\pi R^3}$$

式中：Q 为流量，单位为 cm^3/s。

$$Q=\frac{\pi R^4 \cdot \Delta P}{8L\eta_a}$$

式中：η_a 为熔体表观粘度。

由此，在温度和毛细管长径比（L/D）一定的条件下，测定在不同的压力下高聚物熔体通过毛细管的流量（Q），由流量和毛细管两端的压力差 ΔP，可计算出相应的 τ_w 和 γ_w 的值，将一组对应的 τ_w 和 γ_w 在双对数坐标上绘制流动曲线图，可求得非牛顿指数（n）和熔体的表观粘度（η_a）；改变温度或改变毛细管长径比，即可得到对温度依赖性的粘度活化能（E_η）以及离模膨胀比（B）等表征流变性能的物理参数。

但是，大多数聚合物熔体都属于非牛顿流体，它们在管中流动时具有弹性效应、管壁滑梯和入口处流动过程的压力降等特征；而且，在实验中毛细管的长度都是有限的，因此由上述假设推导测得的实验结果将产生一定的偏差。为此对假设熔体为牛顿流体推导的剪切速率和适用于无限长毛细管的剪切应力必须进行“非牛顿改正”和“入口压力校正”，才能得到毛细管管壁上的真实剪切速率和真实剪切应力。但当毛细管的长径比大于 40 时，也可不做“入口压力校正”。

本实验采用 MLW－400 型计算机控制流变仪，其主要结构如图 3－3 和图 3－5 所示。

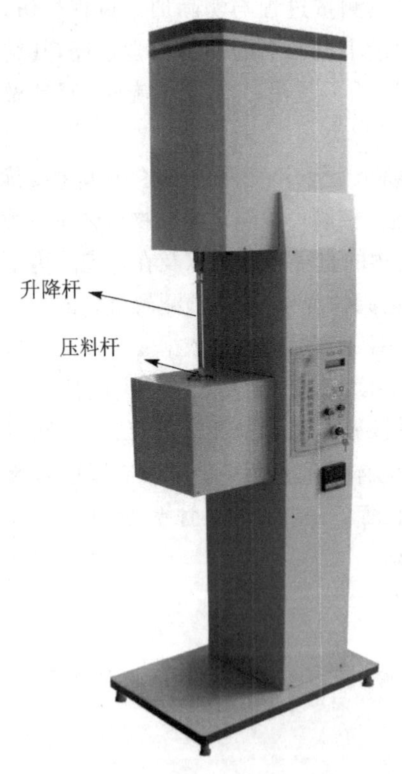

图 3－3　计算机控制毛细管流变仪外形图

(a) 进口温控表

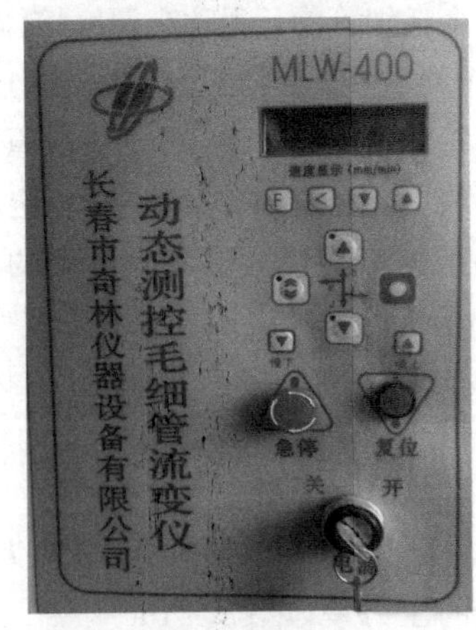

(b) 控制系统

图 3－4　流变仪的控制面板

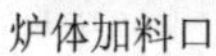
炉体加料口

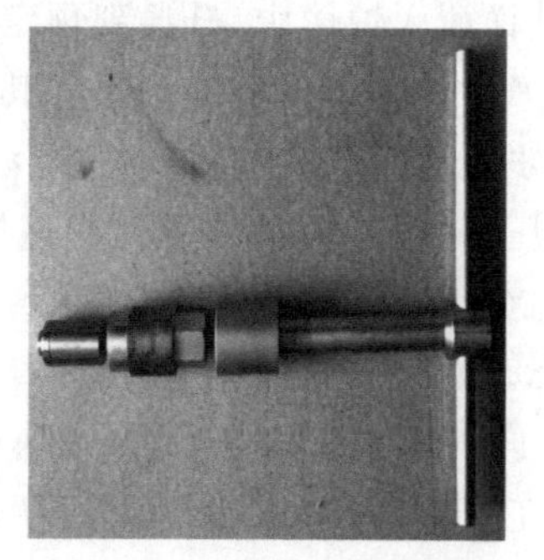

口 模

图 3-5 加料口与口模

主机由框架、升降杆、高温炉、控制系统等部分组成。工作时，传动系统带动升降杆向下运动，带动压料杆对高分子材料施加压力，从口模挤出。控制系统（见图 3-4）可以控制压料杆移动，对速度等进行修改。急停开关可以在系统出现问题时紧急制动，起到防护功能。

图 3-6 为炉体结构原理图，由炉体、料筒、加热圈、绝热层、口模等部分组成，实

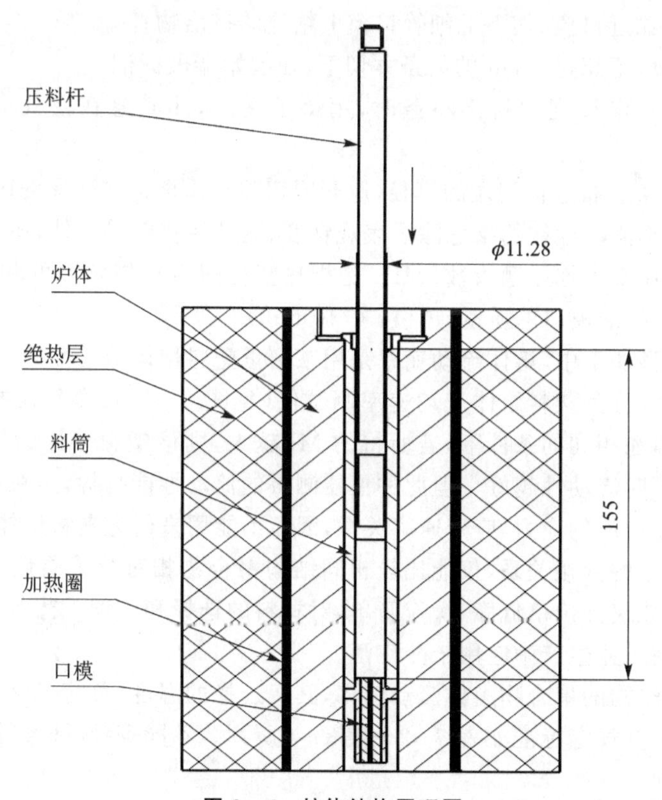

图 3-6 炉体结构原理图

验时，将试样放入炉体中，升温到预定温度，压料杆向下运动，试样通过口模挤出，计算机系统通过计算得出实验结果。其中，炉腔最大容积为 150 mL。

操作步骤：打开流变仪升温，当温度达到要求后，将试样粒料尽快加入料筒内，随即移动压杆把柱塞压入料筒，待试样熔融。打开计算机电源(POWER)开关，进入 Windows XP 界面，双击流变仪图标，进入流变控制软件进行实验。单击"实验条件设置"图标，选择实验方法(恒压力实验、恒速实验)，设定实验参数(压力、时间等)。预热物料 10 min。物料熔融后，先快速下移压杆，使物料挤出一些，然后迅速抬起压杆。进入正式实验，单击"准备实验"按钮，进入力值调零与升温。力值自动调为零点，当温度上升到设定值时，"开始实验"按钮被击活。单击"开始实验"按钮实验开始，按实验提示框提示进行实验。实验结束后如对实验结果满意则单击 Y 按钮保存，继续进行下一个试样的实验；如对实验结果不满意则单击 N 按钮，结束实验，重复上面操作。如对当前的试样满意则单击 Y 按钮保存；如不满意则单击 N 按钮，并弹出对话框，如需继续实验则单击 Y 按钮，进行下一个试样的实验，重复以上实验过程，否则单击 N 按钮结束实验，自动保存实验结果。将熔体全部挤出后，抬起压头，趁热清理压头和料膛，组装好个件，以备再用。

挤出样条直径用测微计测量，为使重力影响最小，按以下步骤进行：

- 尽可能靠近口模，切下毛细管口模上粘连的挤出物；
- 挤出一段不超过 5 cm 的料条并切下，在起始端做标记；
- 当切下一定长度的挤出料条时，用镊子夹住，让其悬在空气中充分冷却至室温；
- 测量样条上靠近标记端的直径(避开因切除和作标记有变形的区域)。

衡量聚合物流动性能的指标除了表观粘度、流动活化能等之外，还有熔体流动速率。熔体流动速率也称熔融指数(MI)，是指热塑性塑料在规定温度和负荷下，熔体每 10 min 通过标准模口的质量(单位：g/10 min)。

在塑料成型加工中，熔体流动速率是用来衡量塑料熔体流动性的一个重要指标，其测量仪器通常称为塑料熔体流动速率测试仪(见图 3－7)或称熔融指数仪。对于同一种聚合物，在相同的条件下，若所得的 MI 越大，则该塑料熔体的平均相对分子质量越低，成型时流动性越好。但此种仪器测得的流动性能指标，是在低剪切速率下测得的，不存在广泛的应力-应变速率关系，因而不能用来研究塑料熔体粘度和温度、粘度与剪切速率的依赖关系，仅能比较相同结构聚合物相对分子质量或熔体粘度的相对数值。但该仪器价格低廉，操作简单，对材料的选择和成型工艺条件的确定具有重要的价值，在工业生产中应用十分广泛。

测定不同结构的聚合物熔体流动速率，其所选择的温度、负荷、试样用量、切割时间等各不相同，其规定标准如表 3－2～表 3－4 所列。不同等级(牌号)聚丙烯的用途如表 3－5 所列。

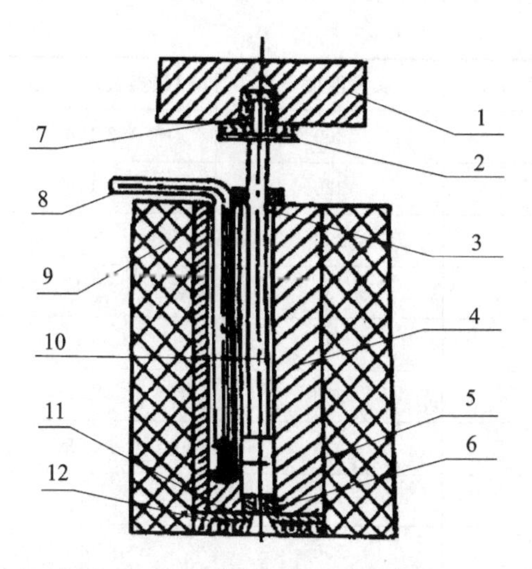

1—砝码;2—砝码托盘;3—活塞;4—炉体;5—控温元件;6—标准口模;
7—隔热套;8—温度计;9—隔热层;10—料筒;11—托盘;12—隔热垫

图 3-7 熔体流动速率仪结构图

表 3-2 试样加入量与切样时间间隔

MI/(10^{-1}·g·min^{-1})	试样加入量/g	切样间隔/s
0.1～0.5	3～4	120～240
0.5～1.0	3～4	60～120
1.0～3.5	4～5	30～60
3.5～10	6～8	10～30
10～25	6～8	5～10

表 3-3 标准实验条件

序 号	标准口模内径/mm	实验温度/℃	口模系数/(g·mm^2)	负荷/kg
1	1.180	190	46.6	2.106
2	2.095	190	70	0.325
3	2.095	190	464	2.160
4	2.095	190	1 073	5.000
5	2.095	190	2 146	10.000
6	2.095	190	4 635	21.600
7	2.095	200	1 073	5.000

续表 3-3

序　号	标准口模内径/mm	实验温度/℃	口模系数/(g·mm^2)	负荷/kg
8	2.095	200	2 146	10.000
9	2.095	220	2 146	10.000
10	2.095	230	70	0.325
11	2.095	230	258	1.200
12	2.095	230	464	2.160
13	2.095	230	815	3.800
14	2.095	230	1 073	5.000
15	2.095	275	70	0.325
16	2.095	200	258	1.200

表 3-4　试样选用条件

试　样	PE	POM	PS	ABS	PP	PC	PA	丙烯酸酯	纤维素酯
适用实验条件	1,2,3,4,6	3	5,7,11,13	7,9	12,14	16	10,15	8,11,13	2,3

表 3-5　利用 MI 确定不同等级(牌号)聚丙烯(PP)的用途

MI (230 ℃,5 kg)	2	1～5	5～15	5～20	30	30～40	40～80	60
用途	压模，管材	挤出，吹塑	薄膜，单丝	通用注射模塑	高速注射	平面薄膜	人造羊毛	纺粘纤维

操作步骤：将仪器调至水平。清洁仪器，在装好标准口模并插入活塞后，开始升温，当温度升到规定温度时，恒温 15 min。根据试样预计的熔体流动速率值，按表 3-2 称取试样并加入料筒中。试样经 4 min 预热，炉温恢复到规定温度。可用手压使活塞降到下环形标记，距料筒口 5～10 mm 为止，这个操作时间不超过 1 min。待活塞下降至下环形标记和料筒口相平时切除已流出的样条，并按表 3-2 规定的切样间隔开始正式切取。保留连续切取的无气泡样条 5 个。当活塞下降到上环形标记和料筒口相平时，停止切取。称量样品。

注意：①试样条长度最好选在 10～20 mm 之间，但以切样间隔为准；②样条冷却后，置于天平上称重；③若每组所切试样中质量的最大值和最小值之差超过其平均值的 10%，则应重做实验。

三、参数和计算公式

（1）熔体流量 Q，cm^3/s：

$$Q = h \cdot \frac{s}{t}$$

式中：h 为在时间 t 内柱塞下降的距离，cm；s 为柱塞横截面积，cm^2；t 为熔体挤出时间，s。

（2）熔体的表观粘度 η_a，Pa·s：

$$\eta_a = \frac{\tau_w}{\gamma_w}$$

（3）非牛顿校正：

$$\gamma_{w改} = \frac{3(n+1)\gamma_w}{4n}$$

式中：$\gamma_{w改}$ 为管壁处的真实剪切速率；n 为非牛顿指数，按下式计算：

$$\log \tau_w = \log K + n\log \gamma_w$$

（4）熔体流动活化能 E_η，J/mol：

$$\ln \eta_a = \frac{E_\eta}{RT} + \ln A$$

（5）离模膨胀比 B：

$$B = \frac{D_s}{D}$$

式中：D_s 为挤出物直径，cm；D 为毛细管直径，cm。

（6）熔融指数 MI，g/10 min：

$$\text{MI} = \frac{(600 \cdot w)}{t}$$

式中：w 为在时间 t 内挤出的质量，g；t 为熔体挤出时间，s。

（7）重均分子$\overline{M}_w$ 质量：

$$\log \text{MI(ASTM 标准)} = 24.505 - 5\log\overline{M}_w$$

按照 ASTM 标准规定：PP 的熔融指数是在 230 ℃，负载 5.0 kg 下，熔体在 10 min 内通过标准口模（2.095 mm×8 mm）的质量，单位为 g/10 min。

四、实验报告要求

（1）简述实验原理及操作步骤。

（2）在坐标纸上绘出 $\tau_w - \gamma_w$ 曲线。

（3）计算 η_a、B 和 E_η。

（4）确定实验所用牌号 PP 的用途？并说明理由。

五、注意事项

(1) 料筒、压料杆、毛细管属于精密仪器要轻拿轻放，不可掉落地下，清理时切记擦伤。

(2) 清理时要戴手套，防止烫伤。

(3) 将料筒内余料压出时，总压力不准超过 5 000 N，切忌用人的压力把余料挤出，以防压料杆和出料托板等因受力不当和超载而变形。

(4) 实验过程中，不要把身体置于移动横梁之下。

(5) 该仪器不允许频繁启动，不允许超负荷使用。

(6) 如仪器出现飞车现象，应迅速关闭总电源。

六、思考题

(1) 为什么要进行“非牛顿校正”？

(2) 聚合物相对分子质量与其熔体流动速率有什么关系？为什么熔体流动速率不能在结构不同的聚合物之间进行比较？

实验三　光学显微镜法观察聚合物的结晶形态

一、实验目的

(1) 熟悉偏光显微镜的构造及原理，掌握偏光显微镜的使用方法。

(2) 学习用熔融法制备聚合物球晶，观察不同结晶温度下得到的球晶的形态，测量聚合物球晶的半径。

二、实验原理

晶体和无定形体是聚合物聚集态的两种基本形式，很多聚合物都能结晶。结晶聚合物材料的实际使用性能(如光学透明性、冲击强度等)与材料内部的结晶形态、晶粒大小及完善程度有着密切的联系。因此，对于聚合物结晶形态等的研究具有重要的理论和实际意义。聚合物在不同条件下形成不同的结晶，比如单晶、球晶、纤维晶，等等，聚合物从熔融状态冷却时主要生成球晶，它是聚合物结晶时最常见的一种形式，对制品性能有很大影响。

球晶是以晶核为中心成放射状增长构成球形而得名，是“三维结构”。但在极薄的试片中也可以近似地看成是圆盘形的“二维结构”，球晶是多面体。由分子链构成晶胞，晶胞堆积构成晶片，晶片迭合构成微纤束，微纤束沿半径方向增长构成球晶。晶片间存在着结晶缺陷，微纤束之间存在着无定形夹杂物。球晶的大小取决于聚合物的分子结构及结晶条件，因此随着聚合物种类和结晶条件的不同，球晶尺寸差别很大,直径可以从微米级到毫米级,甚至可以达到厘米级。球晶分散在无定形聚合物中,一般来说无定形是连续相,球晶的周边可以相交,成为不规则的多边形。球晶的基本结构单元是具有折叠结构的片,厚度在 100 Å(1 Å=0.1 nm)左右。许多这样的晶片从一个(晶核)向四面八方生长,发展成为一个球状聚集体。

球晶具有光学各向异性,对光线有折射作用,因此能够用偏光显微镜进行观察。聚合物球晶在偏光显微镜的正交偏振片之间呈现出特有的黑十字消光图像。有些聚合物生成球晶时,晶片沿半径增长时可以进行螺旋性扭曲,因此还能在偏光显微镜下看到同心圆消光图像。

图 3-8 说明球晶中分子链是垂直球晶半径的方向排列的。分子链的取向排列使球晶在光学性质上是各向异性的,即在平行于分子链和垂直于分子链的方向上有不同的折光率。在正交偏光显微晶下观察时,在分子链平行于起偏镜或检偏镜的方向上将产生消光现象,呈现出球晶特有的黑十字消光图案(称为 Maltase十字)。

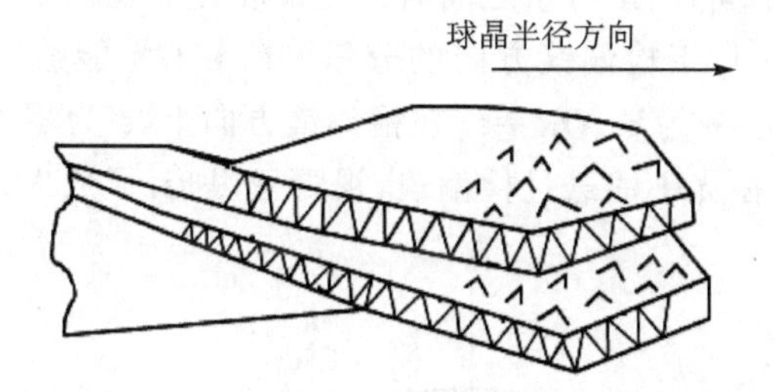

图 3-8 球晶内晶片的排列与分子链取向

偏光显微镜的最佳分辨率为 200 nm,有效放大倍数超过 500～1 000 倍,与电子显微镜、X 射线衍射法结合可提供较全面的晶体结构信息。

光是电磁波,也就是横波,它的传播方向与振动方向垂直。但对于自然光来说,它的振动方向均匀分布,没有任何方向占优势。但是自然光通过反射、折射或选择吸收后,可以转变为只在一个方向上振动的光波,即偏振光。一束自然光经过两片偏振片,如果两个偏振轴相互垂直,光线就无法通过了。光波在各向异性介质中传播时,其传播速度随振动方向不同而变化,折射率值也随之改变,一般都发生双折射,分解成振动方向相互垂直、传播速度不同、折射率不同的两条偏振光。而这两束偏振光通过第二个偏振片时,只有在与第二偏振轴平行方向的光线可以通过。而通过的两束光由于光程差将会发生干涉现象。

在正交偏光显微镜下观察,非晶体聚合物因为具各向同性,没有发生双折射现象,光线被正交的偏振镜阻碍,视场黑暗。球晶会呈现出特有的黑十字消光现象,黑十字的两臂分别平行于两偏振轴的方向。而除了偏振片的振动方向外,其余部分就出现了因折射而产生的光亮。如图 3-9 所示为等规聚丙烯的球晶照片。

球晶在正交偏光显微镜下出现 Maltase 十字现象可以通过图 3-10 来理解。图中起偏镜的方向垂直于检偏镜的方向(正交)。设通过起偏镜进入球晶的线偏振光的

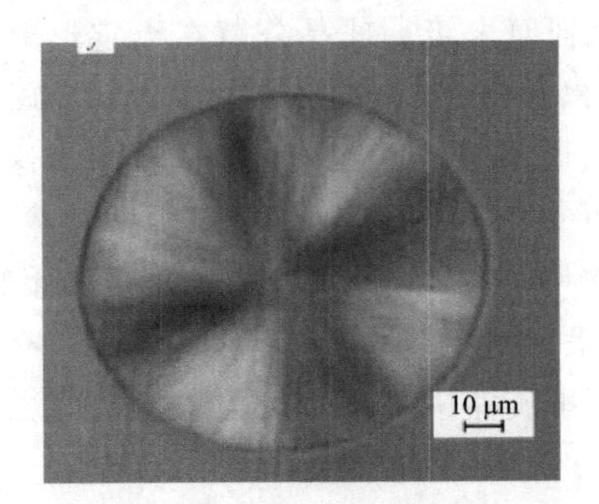

图 3-9　等规聚丙烯的球晶照片

电矢量为 **OR**，即偏振光方向沿 **OR** 方向。图 3-10 绘出了任意两个方向上偏振光的折射情况，偏振光 **OR** 通过与分子链发生作用，分解为平行于分子链 η 和分子链 ε 的两部分，由于折光率不同，两个分量之间有一定的相差。显然 ε 和 η 不能全部通过检偏镜，只有振动方向平行于检偏镜方向的分量 **OF** 和 **OE** 能够通过检偏镜。由此可见，在起偏镜的方向上，η 为零，**OR**$=\varepsilon$；在检偏镜方向上，ε 为零，**OR**$=\eta$；在这些方向上分子链的取向使偏振光不能透过检偏镜，视野呈黑暗，形成 Maltase 十字。

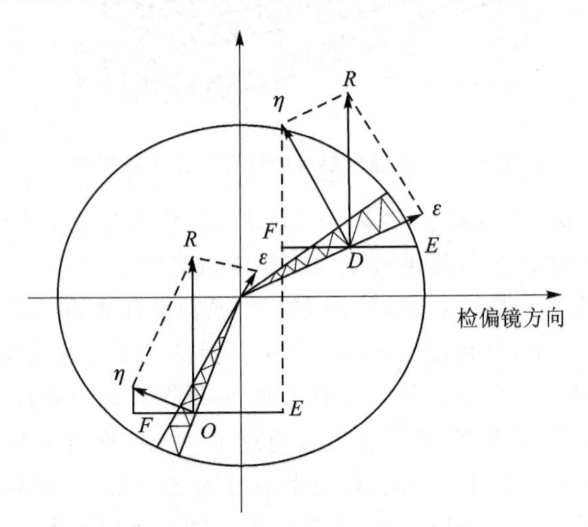

图 3-10　球晶中的双折射示意图

此外，在有些情况下，晶片会周期性地扭转，从一个中心向四周生长，这样，在偏光显微镜中就会看到由此而产生的一系列消光同心圆环。在偏振光条件下，还可以观察晶体的形态，测定晶粒大小和研究晶体的多色性，等等。

三、实验仪器及原材料

(1)偏光显微镜及附件如图 3-11 所示。

照明条件：波长 $\lambda=0.55\ \mu m$；媒质：空气 $n=1.000$；物镜：放大倍数 4～63 倍

（可选的物镜放大倍数为 4×、10×、25×、63×），数值孔径 $a=0.4$；分辨率：$\delta=\frac{\lambda}{a}$；目镜放大倍数为 1～10 倍。

（2）压片机、控温仪、电炉。

（3）盖玻片、载玻片。

（4）聚丙烯薄膜或粒料。

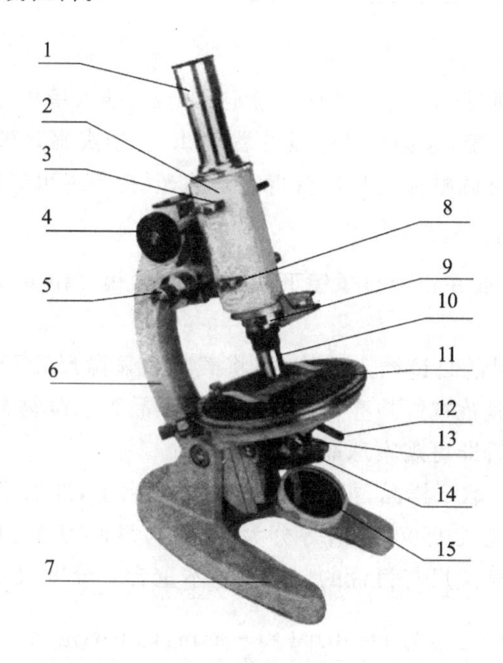

1—目镜；2—镜筒；3—勃氏镜；4—粗动手轮；5—微调手轮；6—镜臂；7—镜座；8—上偏光镜；9—试板孔；10—物镜；11—载物台；12—聚光镜；13—锁光圈；14—下偏光镜；15—反光镜

图 3-11　XPT-7 型偏光显微镜

四、实验步骤

1. 试样制备

① 切一小块聚丙烯薄膜或 1/5～1/4 粒料，放于干净的载玻片上，使之离开玻片边缘，在试样上盖上一块盖玻片。

② 预先把压片机加热到 230 ℃，将聚丙烯样品在电热板上熔融（试样完全透明），加压成膜，保温 2 min，然后迅速转移到 150 ℃的热台使之结晶。把同样的样品在熔融后于 100 ℃和室温条件下结晶。样品制备条件如表 3-6 所列。

表 3-6　样品制备条件

样品编号	熔融温度/℃	熔融时间/min	结晶温度/℃	结晶时间/min
1				
2				
3				

2. 调节显微镜

① 预先打开汞弧灯 10 min，以获得稳定的光强，插入单色滤波片。

② 去掉显微镜目镜，起偏片和检偏片置于 90°。边观察显微镜筒，边调节灯和反光镜的位置，如需要可调整检偏片以获得完全消光（视野尽可能暗）。

3. 测量球晶直径

聚合物晶体薄片放在正交显微镜下观察，用显微镜目镜分度尺测量球晶直径，测定步骤如下：

① 将带有分度尺的目镜插入镜筒内，将载物台显微尺置于载物台上，使视区内同时见两尺，调至显微镜视野最亮；然后，将结晶样品置于载物台上，调节显微镜上粗动、微动旋转钮准焦后即可观察球晶形态。

② 标定分度尺。取下样品，把显微镜放在载物台上，准焦后，在视野中找到非常清晰的显微尺，显微尺长 1.00 mm，等分为 100 格，每格为 0.01 mm。然后，换上带有分度尺的目镜，调显微尺与目镜的分度尺基本重合。分度尺 n 格正好与显微尺 N 格相等，则目镜分度尺每格为 $D=0.01\times\dfrac{N}{n}$ mm，记下标定结果。

4. 估算球晶半径

保持显微镜上的粗动旋钮不变，将显微尺换下放入样品；测量：读出样品被测球晶半径（直径）对应的分度尺格数即可得到球晶的半径（直径）大小。

球晶直径的测量数据，目镜测微尺校正如表 3-7 所列，PP 结晶（慢冷）的球晶尺寸（物镜放大倍数 10×下观察）如表 3-8 所列。

表 3-7　目镜测微尺校正

物镜放大倍数	目镜测微尺格数 n	物镜测微尺格数 N	目镜测微尺每格代表的真正长度 $D/\mu m$
×10			
×25			
×40			
×63			

其中，目镜测微尺每格代表的真正长度 D 根据式 $D=0.01\times\dfrac{N}{n}$计算。

表 3-8　PP 结晶(慢冷)的球晶尺寸(物镜放大倍数 10× 下观察)

序　号	1	2	3	4	5	6	7	8	9	10
目镜测微尺格数 N										
球晶直径 d/mm										
平均直径 d_0/mm										

其中,球晶直径 d 根据 $d=N\cdot D$ 计算。

五、实验报告

(1) 记录制备试样的条件,简绘实验所观察到的球晶状态图。

(2) 写出显微镜标定目镜分度尺的标定关系,计算球晶的直径。

(3) 讨论影响球晶生长的主要因素。

六、问题与讨论

(1) 聚合物结晶过程有何特点?形态特征如何(包括球晶大小和分布、球晶的边界、球晶的颜色等)?结晶温度对球晶形态有何影响?

(2) 解释球晶在偏光显微镜中出现十字消光图像和同心圆消光图像的原因?

(3) 为什么说球晶是多晶体?

实验四　聚合物溶液的流动行为研究

一、实验目的

(1) 熟悉旋转式粘度计的构造及原理,掌握旋转式粘度计的使用方法。

(2) 探讨温度和浓度对聚合物溶液粘度的影响。

二、实验原理

聚合物流体(包括聚合物熔体和高分子浓溶液)在外力作用下的流动行为具有流动和形变两个基本特征,而流动和形变的具体情况又与聚合物的结构、聚合物的组成、环境温度、外力大小、类型、作用时间等错综复杂的因素密切相关。聚合物流体的流动行为直接影响到高分子材料加工工艺的选择及高分子材料使用性能的充分发挥。因此在高分子成型加工工作中,首先要表征聚合物流体的流动行为,在高分子物理研究中为了了解高分子凝聚态结构在成型加工中形态的变化规律,也需要研究聚合物流体在外场作用下的流动行为。聚合物流体流动行为的表征数据有:粘度、熔融指数、剪切应力(σ_τ)-切变速率(γ)流动曲线(或表观粘度(η_a)-切变速率曲线)。

聚合物流动行为可以通过用粘度计测聚合物流体的粘度来表征,有三种粘度计用于测量聚合物流体的剪切粘度,即落球粘度计,毛细管粘度计和转动粘度计。不同粘度计具有不同的施加剪切力的原理,因此具有不同的粘度(η)、剪切应力(σ_τ)、剪切速率(γ)的计算方法。其中落球式粘度计,用来测低剪切速率下的剪切粘度值;毛细管粘度计可测较宽范围剪切速率和温度下的表观剪切粘度值,以及相应的剪切应力和剪切速率值;转动粘度计又分为两类,即锥板粘度计和同轴圆筒转动粘度计。其中锥板粘度计可测牛顿流体及非牛顿流体的粘度值,同轴圆筒粘度计可测得剪切应力、剪切速率或相应剪切速率下的表观粘度值。聚合物流体的粘度值是和流体的温度及剪切应力的大小相关的。另外,还可以用粘度计测聚合物流体的流变曲线,用毛细管粘度计和同轴圆筒转动粘度计测量恒定温度下,施加不同剪切应力(σ_τ)时,流体中相应的剪切速率值(γ),并以剪切应力对数 lg σ_τ(纵坐标)-剪切速率对数 lg γ(横坐标)作图,即为该聚合物流体在某温度下的流变曲线。

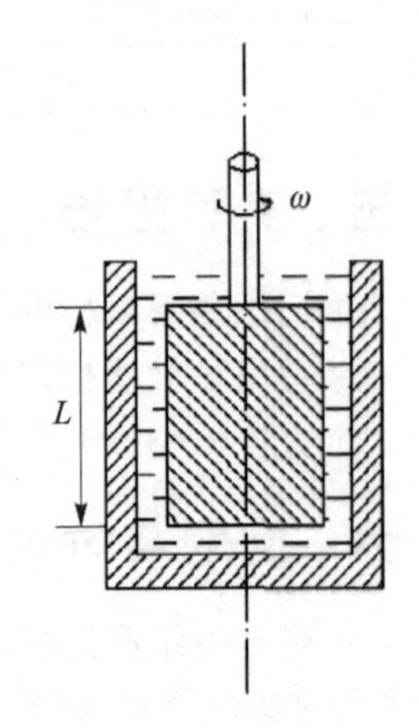

图 3-12　同轴圆筒粘度计示意图

同轴圆筒粘度计又称 Epprecht 粘度计,是测量低粘度流体粘度的一种基本仪器,其示意图如图 3-12 所示。

仪器的主要部分由一个圆筒形的容器和一个圆筒形的转子组成,待测液体被装入两圆筒间的环形空间内,半径为 R_1 的内筒由弹簧钢丝悬挂,并以角速度 ω 匀速旋转,如果内筒浸入待测液体部分的深度为 L,则待测液体的粘度可用下式计算,即

$$\eta = \frac{M}{4\pi L\omega}\left(\frac{1}{R_1^2} - \frac{1}{R_2^2}\right)$$

式中:R_1 和 R_2 分别为内筒的外径和外筒的内径;M 为内筒受到液体的粘滞阻力而产生的扭矩。这样,通过内筒角速度和扭矩的测定,就可以通过粘度计的几何尺寸计算出液体的粘度。

三、实验仪器及原材料

NDJ-79 旋转式粘度计(仪器的主要构造和配件如图 3-13 所示),该仪器共有两组测量器,每组包括一个测定容器和几个测定转子配合使用,可根据被测液体的大致粘度范围选择适当的测定组及转子;为取得较高的精度,读数最好大于 30 分度且不得小于 20 分度,否则,应变换转子或测试组。指针指示的读数乘以转子系数即为测得的粘度 mPa·s,即

$$\eta = K \cdot a$$

式中:η 为待测液体的粘度;K 为系数;a 为指针指示的读数(偏转角度)。

第一测定组用来测量较高粘度的液体,配有三个标准转子(呈圆筒状,各自的系

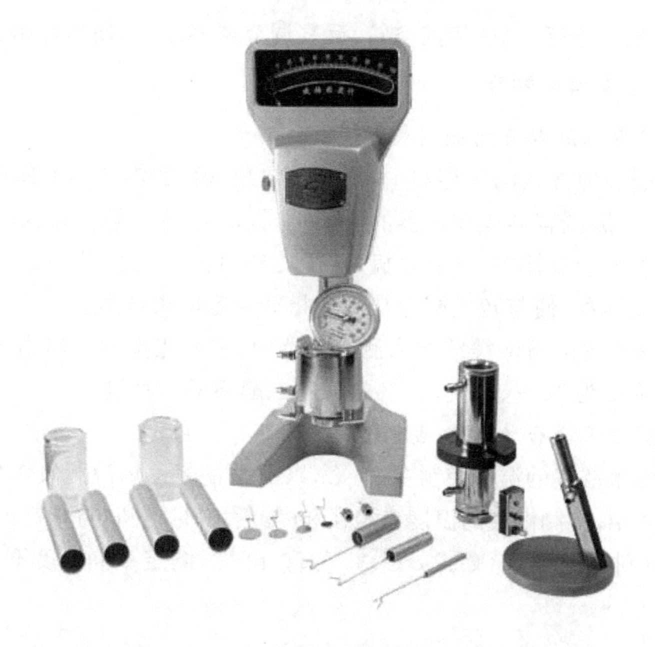

图 3-13 NDJ-79 旋转式粘度计

数 K 为 1、10 和 100)，当粘度大于 10 000 mPa·s 时，可配用减速器，以测得更高的粘度。1∶10 的减速器，转子转速为 75 r/min；1∶100 的减速器，转子转速为 7.5 r/min，它们的最大量程分别为 100 000 mPa·s 和 1 000 000 mPa·s。

第二测定组用来测量低粘度液体，量程为 1～50 mPa·s，共有 4 个转子(呈圆筒形)，供测定各种粘度时选用，4 个转子各自的系数 K 分别为 0.1、0.2、0.4、0.5。

蒸馏水，浓度分别为 5%、10%、15%、20%、25%(质量百分比)的聚乙二醇水溶液。

恒温水浴锅，分别将水温控制在 20 ℃、25 ℃、30 ℃、35 ℃、40 ℃。

四、实验步骤

1. 试样制备

分别配制浓度为 5%、10%、15%、20%(质量百分比)的聚乙二醇水溶液。

2. 粘度计校准

① 松开滚花螺栓，将黄色避震器脱架取下。

② 松开测定器螺母，将测定器Ⅱ从脱架取下。

③ 接通电源：工作电压为～220×(1±10%) V，50 Hz。

④ 连轴器安装：连轴器是一左旋滚花带勾的螺母，固定于电机同轴的端部。拆装时用专用插杆插入胶木圆盘上的小孔卡住电机轴。(使用减速器时测定组则配有短小勾，用于转子悬挂。)

⑤ 零点调整：开启电机，使其空转，反复调节调零螺钉，使指针指到零点。

3. 测量聚合物溶液粘度

(1) 不同浓度溶液粘度的测定

将蒸馏水缓缓地注入测试容器中，使液面与测试容器锥形面下部边缘齐平，将转子全部浸入液体，测试容器放在仪器的脱架上，同时把转子悬挂在仪器的连轴器上，此时转子应全浸没于液体中，开启电机，转子旋转可能伴有晃动，此时可前后左右移动脱架上的测试容器，使与转子同心从而使指针稳定即可读数。

将5%的聚乙烯醇溶液缓缓注入测试容器中，按上述步骤读出指针读数。同理，可以依次测出浓度为10%、15%、20%的聚乙二醇溶液的粘度。

(2) 不同温度下聚合物溶液粘度的测定

将循环恒温水浴锅的温度控制在20 ℃，以10%的聚乙烯醇溶液作为被测溶液，缓缓注入测试容器中，待测溶液的温度稳定在20 ℃后，开启电机，待指针稳定即可读数。

然后，再分别升温至25 ℃、30 ℃、35 ℃和40 ℃，测定不同温度下10%聚乙烯醇溶液的粘度。

五、实验报告

(1) 记录不同浓度和温度下溶液的粘度，并绘出浓度-粘度以及温度-粘度变化图。

(2) 讨论影响聚合物粘度的主要因素。

六、问题与讨论

(1) 聚合物溶液粘度的影响因素有哪些？

(2) 用旋转粘度计测量聚合物粘度时，溶液粘度对测量结果有什么影响？

(3) 温度对聚合物溶液的粘度有何影响？

实验五　膨胀计法测定聚合物的玻璃化温度

聚合物的玻璃化转变是指非晶态聚合物从玻璃态到高弹态的转变，是高分子链段开始自由运动的转变。在发生转变时，与高分子链段运动有关的多种物理量(例如比热容、比体积、介电常数、折光率等)都将发生急剧变化。显而易见，玻璃化转变是聚合物非常重要的指标，测定高聚物玻璃化温度具有重要的实际意义。目前，测定聚合物玻璃化转变温度的方法主要有差示扫描量热法(DSC)、热机械分析法(TMA)、动态热机械分析法(DMA)、介电松弛法和膨胀计法等。本实验则是利用膨胀计测定聚合物的玻璃化转变温度，即利用高聚物的比容-温度曲线上的转折点确定高聚物的玻璃化温度(T_g)。

一、实验目的与要求

(1) 掌握膨胀计法测定聚合物 T_g 的实验基本原理和方法。

(2) 了解升温速度对玻璃化温度的影响。

(3) 测定聚苯乙烯的玻璃化转变温度。

二、实验原理

当玻璃化转变时,高聚物从一种粘性液体或橡胶态转变成脆性固体。根据热力学观点,这一转变不是热力学平衡态,而是一个松弛过程,因而玻璃态与转变的过程有关。描述玻璃化转变的理论主要有自由体积理论、热力学理论、动力学理论等。本实验的基本原理来源于应用最为广泛的自由体积理论。

根据自由体积理论可知:高聚物的体积由大分子已占体积和分子间的空隙,即自由体积组成。自由体积是分子运动时必需的空间。温度越高,自由体积越大,越有利于链段中的短链作扩散运动而不断地进行构象重排。当温度降低,自由体积减小,降至玻璃化温度以下时,自由体积减小到临界值以下,链段的短链扩散运动受阻不能发生(即被冻结)时,就发生玻璃化转变。

图 3-14 高聚物的比容-温度关系曲线能够反映自由体积的变化,图中上方的实线部分为聚合物的总体积,下方阴影区部分则是聚合物已占体积。当温度高于 T_g 时,高聚物体积的膨胀率就会增加,可以认为是自由体积被释放的结果,如图 α_r 段部分。当 $T<T_g$ 时,聚合物处于玻璃态,此时,聚合物的热膨胀主要取决于分子的振动幅度和键长的变化的贡献。在这个阶段,聚合物容积随温度线性增大,如图 α_g 段部分。显然,两条直线的斜率发生极大的变化,出现转折点,这个转折点对应的温度就是玻璃化温度 T_g。

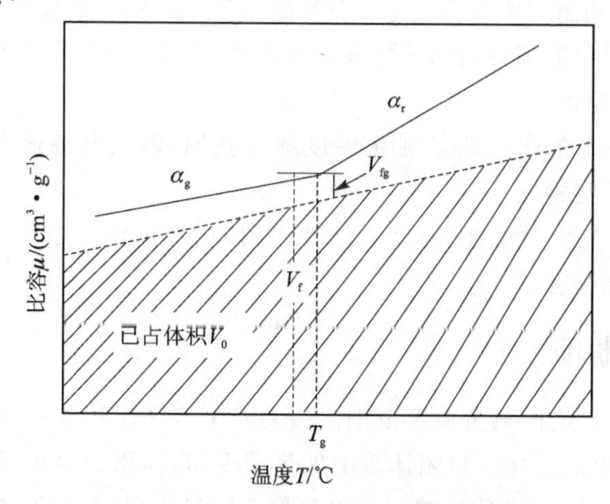

图 3-14　聚合物的比容-温度关系曲线

T_g 值的大小与测试条件有关，如升温速率太快，即作用时间太短，使链段来不及调整位置，玻璃化转变温度就会偏高；反之偏低，甚至检测不到。所以，测定聚合物的玻璃化温度时，通常采用的标准是 1～2 ℃/min。T_g 值的大小还与外力有关，单向的外力能促使链段运动。外力越大，T_g 降低越多。若外力作用频率增加，则 T_g 升高。所以，用膨胀计法所测得的 T_g 比动态法测得的要低一些。除了外界条件，T_g 值还受聚合物本身的化学结构的影响，同时也受到其他结构因素如共聚交联、增塑以及相对分子质量等的影响。

三、实验仪器及原材料

(1) 膨胀计、水浴及加热器、温度计、电炉、调压器和电动搅拌器等。

(2) 颗粒状尼龙 6、丙三醇和真空密封油。

四、实验步骤

(1) 先在洗净、烘干的膨胀计样品管中加入颗粒状尼龙 6 颗粒，加入量约为样品管体积的 4/5。然后缓慢加入丙三醇，同时用玻璃棒轻轻搅拌驱赶气泡，保证膨胀计内没有气泡，特别是尼龙 6 颗粒上没有气泡，并保持管中液面略高于磨口下端。

(2) 在膨胀计毛细管下端磨口处涂上少量真空密封油，将毛细管插入样品管，使丙三醇升入毛细管柱的下部，不高于刻度 10 小格，否则应适当调整液柱高度，用滴管吸掉多于的丙三醇。

(3) 仔细观察毛细管内液柱高度是否稳定，如果液柱不断下降，说明磨口密封不良，应该取下擦净重新涂敷密封油，直至液柱刻度稳定，并注意毛细管内不留气泡。

(4) 将膨胀计样品管浸入油浴锅，垂直夹紧，谨防样品管接触锅底。

(5) 打开加热电源开始升温，适当调节加热电压，控制升温速度为 1 ℃/min 左右。读取水浴温度和毛细管内丙三醇液面的高度(在 30～55 ℃之间每升温 1 ℃读数一次)，直到 55 ℃为止。

(6) 取出膨胀计充分冷却，将油浴温度降至室温，改变升温速率为 2 ℃/min，按上述操作要求重新实验。

(7) 以毛细管高度为纵轴，温度为横轴作图，在转折点两边作切线，其交点处对应温度即为玻璃化温度。

五、注意事项

(1) 注意选取合适的测量温度范围。因为除了玻璃化转变外，还存在其他转变。

(2) 测量时，常把试样在封闭体系中加热或冷却，体积的变化通过填充液体的液面升降而读出。因此，要求这种液体不能和聚合物发生反应，也不能使聚合物溶解或溶胀。

六、思考题

(1) 作为聚合物热膨胀介质应具备哪些条件?

(2) 聚合物玻璃化转变温度受到哪些因素的影响?

(3) 若膨胀计样品管内装入的聚合物量太少,对测试结果有何影响?

(4) 膨胀计还有哪些应用?

实验六　应力-应变曲线实验

一、实验目的

(1) 了解高聚物在室温下应力-应变曲线的特点,并掌握测试方法。

(2) 了解加荷速度对实验的影响。

(3) 了解电子拉力实验机的使用。

二、实验意义及原理

高聚物能得到广泛应用是因其具有机械强度。应力-应变实验是用得最广泛的力学性能模量,是塑料材料作为结构件使用提供工程设计的主要数据。但是由于塑料受测量环境和条件的影响性能变化很大,因此必须考虑在广泛的温度和速度范围内进行实验。

抗张强度通常以塑料试样受拉伸应力直至发生断裂时所承受的最大应力来测量。影响抗张强度的因素除材料的结构和试样的形状外,测定时所用的温度、湿度和拉力速度也是十分重要的因素。为了比较各种材料的强度,一般拉伸实验是在规定的实验温度、湿度和拉伸速度下,对标准试样两端沿其纵轴方向施加均匀速度的拉伸,使其破坏,测出每一瞬间时所加拉伸载荷的大小与对应的试样标线的伸长,即可得到每一瞬间拉伸负荷与伸长值(形变值),并绘制负荷-形变曲线,如图 3-15 所示。

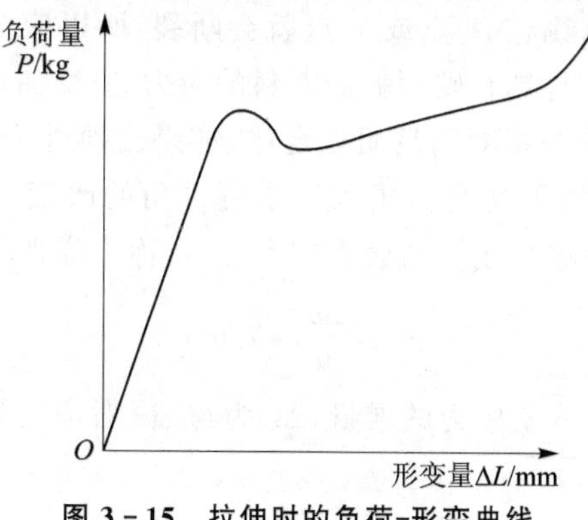

图 3-15　拉伸时的负荷-形变曲线

试样上所受负荷量的大小是由电子拉力机的传感器测得的。试样形变量是由夹在试样标线上的引伸仪测得的。负荷和形变量均以电信号输送到记录仪内自动绘制出负荷-应变曲线。

有了负荷-形变曲线后，将坐标变换，即可得到应力-应变曲线，如图 3－16 所示。

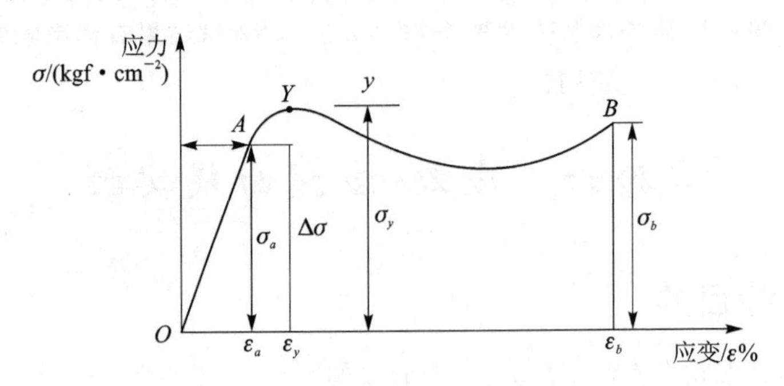

图 3－16　拉伸时的应力-应变曲线

应力：单位面积上所受的内力，用 σ 表示，即

$$\sigma=\frac{P}{S},\quad 单位\ \mathrm{kgf/cm^2}$$

式中：P 为拉伸实验期间某瞬间时施加的负荷；S 为试件标线间初始截面积。

应变：拉伸应力作用下长度的变化率。用 ε 表示，以标距为基础，标距试样间的距离（拉伸前引伸仪两夹点之间的距离）。

$$\varepsilon=\frac{L-L_0}{L_0}\times 100\%=\frac{\Delta L}{L_0}\times 100\%$$

式中：L_0 为拉伸前试样的标距长度；L 为实验期间某瞬间标距的长度；ΔL 为实验期间任意时间内标距的增量即形变量。除用引伸仪测量外，还可以用拉伸速度 V_1、记录纸速度 V_2 和记录纸位移 ΔL 测量，并求得 ε。

$$\Delta L=L-L_0=V_1\times t=\frac{V_1\times\Delta L}{V_2}$$

若塑料材料为脆性，则在 A 点或 Y 点就会断裂，所以应是具有硬而脆塑料的应力-应变曲线。图 3－16 是具有硬而韧的塑料的应力-应变曲线，由图可见，在开始拉伸时，应力与应变呈直线关系即满足胡克定律，如果去掉外力试样能恢复原状，称为弹性形变。一般认为这段形变是由于大分子链键角的改变和原子间距的改变的结果。对应 A 点的应力为该直线上的最大应力（σ_a），称为弹性模量，用 E 表示：

$$E=\frac{\Delta\sigma}{\Delta\varepsilon}=\tan\alpha$$

式中：$\Delta\sigma$ 为曲线线性部分某应力的增量；$\Delta\varepsilon$ 为与 $\Delta\sigma$ 对应的形变增量。对于软而脆

注：1 kqf/cm^2＝98 066.5 Pa。

的塑料曲线右移直线斜率小，弹性模量小。

Y 点称为屈服点，对应点的应力为屈服极限，定义为在应力-应变曲线上第一次出现增量而应力不增加时的应力。当伸长到 Y 点时，应力第一次出现最大值即 σ 称为屈服极限或屈服应力，此后略有降低，在 Y 点以后再去掉外力试样便不能恢复原状就产生了塑性变形。

一般认为塑料变形包括分子链相互的滑移和分子链段的取向结晶，对常温下处于玻璃态的塑料的不可逆变形，伸长率称为屈服伸长率。

B 点为断裂点，B 点的应力为断裂应力或极限强度，它随材料结构不同，有可能产生结晶或不产生结晶。它可能高于屈服点，也可能低于屈服点。因此计算材料的抗张强度时应该是应力-应变曲线上最大的应力点。伸长率 ε 称为断裂伸长率或极限伸长率。如图 3－17 所示为 5 种类型聚合物的应力-应变曲线。

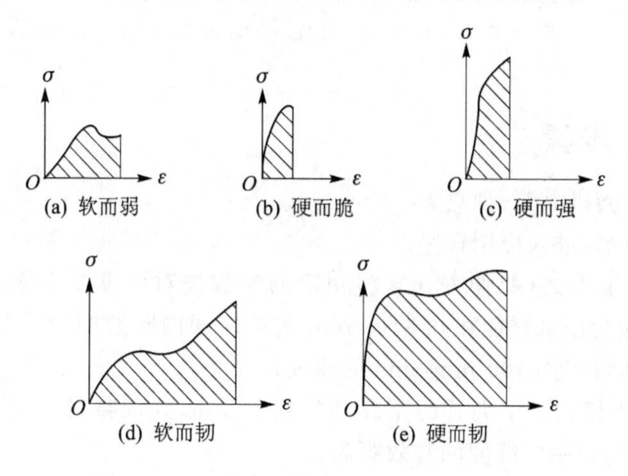

图 3－17　5 种类型聚合物的应力-应变曲线

三、实验仪器

采用 CMT 8535 型微电子拉力机，最大测量负荷 10 kN，速度 0.01～500 mm/min，实验类型有拉伸、压缩、弯曲等。

四、试样制备

拉伸实验中所用的试样依据不同材料可按国家标准《GB 1040—70》加工成不同形状和尺寸。本实验采用哑铃形样条如图 3－18 所示。

每组试样应不少于 5 个。实验前，需对试样的外观进行检查，试样应表面平整，无气泡、裂纹、分层和机械损伤等缺陷。另外，为了减小环境对试样性能的影响，应在测试前将试样在测试环境中放置一定时间，使试样与测试环境达到平衡。一般试样越厚，放置时间应越长，具体按国家标准规定。

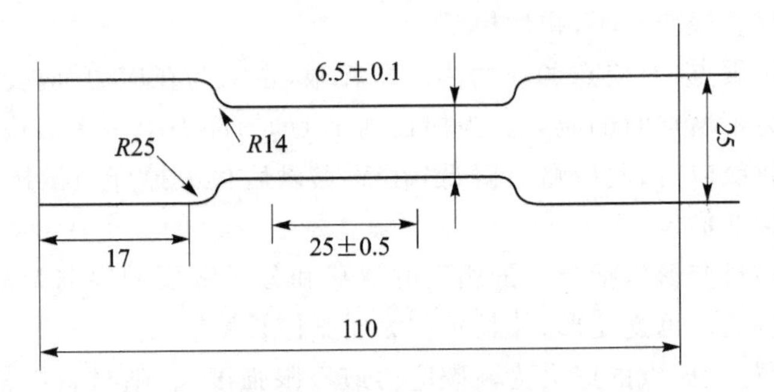

图 3-18　哑铃形试样样条示意图

取合格的试样进行编号，在试样的中部量出 10 cm 为有效段，并做好记号。在有效段均匀地取 3 点，测量试样的宽度和厚度，取算术平均值。对于压制、压注、层压板及其他板材，测量精确到 0.05 mm；软片测量精确到 0.01 mm；薄膜测量精确到 0.001 mm。

五、实验步骤

(1) 接通实验机电源，预热 15 min。

(2) 打开电脑，进入应用程序。

(3) 选择实验方式(拉伸方式)，将相应的参数按对话框要求输入，注意拉伸速度，(拉伸速度应为使试样能在 0.5～5 min 实验时间内断裂的最低速度。本实验试样为 PET 薄膜，可采用 100 mm/min 的速度)。

(4) 按上、下键将上下夹具的距离调整到 10 cm，并调整自动定位螺丝；将距离固定；记录试样的初始标线间的有效距离。

(5) 将样品在上下夹具上夹牢。夹试样时，应使试样的中心线与上下夹具中心线一致。

(6) 在计算机的程序界面上将载荷和位移同时清零后，按开始按钮，此时计算机自动画出载荷-变形曲线。

(7) 试样断裂时，拉伸自动停止。记录试样断裂时标线间的有效距离。

(8) 重复步骤(3)～(7)的操作；测量下一个试样。

(9) 测量实验结束，在“文件”菜单下单击“输出报告”，在出现的对话框中选择“输出到 EXCEL”；然后保存该报告。

六、数据处理

(1) 断裂强度 σ_t 的计算：

$$\sigma_t = \frac{P}{bd} \times 10^4$$

式中：P 为最大载荷(由打印报告读出)，单位 N；b 为试样宽度，单位 cm；d 为试样厚

度，单位 cm。

（2）断裂伸长率 ε_t 的计算：

$$\varepsilon_t = \frac{L - L_0}{L_0} \times 100\%$$

式中：L_0 为试样的初始标线间的有效距离；L 为试样断裂时标线间的有效距离。

把测定所得各值填入表 3－9 中，算出平均值，并和计算机计算的结果进行比较。

表 3－9 不同试样断裂伸长率测量数据表

编 号	d/cm	b/cm	bd/cm^2	P/N	L_0/cm	L/cm	σ_t/Pa	ε_t
1								
2								
3								
4								
5								

平均 σ_t＝　　　打印报告中平均 σ'_t＝　　　二者偏差率＝$|\sigma_t - \sigma'_t| \times 100\%$＝

平均 ε_t＝　　　打印报告中平均 ε'_t＝　　　二者偏差率＝$|\varepsilon_t - \varepsilon'_t| \times 100\%$＝

注意：平均 σ_t 和平均 ε_t 分别为根据公式，采用表 3－9 统计数据计算的 5 个试样的 σ_t 和 ε_t 的平均值；打印报告中平均 σ'_t 和 ε'_t 为计算机计算结果，直接从计算机测试结果显示中读取。

注意事项：

① 为了仪器的安全，测试前应根据自己试样的长短，设置动横梁上下移动的极限。

② 夹具安装应注意上下垂直在同一平面上，防止实验过程中试样性能受到额外剪切力的影响。

③ 对于拉伸伸长很小的试样，可安装微形变测量仪测量伸长。

七、思考题

（1）如何根据聚合物材料的应力-应变曲线来判断材料的性能？

（2）在拉伸实验中，如何测定模量？

实验七　高聚物温度-形变曲线的测定

在一定的力学负荷下，高分子材料的形变量与温度的关系称为高聚物的温度-形变曲线（或称热机械曲线）。测定高聚物温度-形变曲线，是研究高分子材料力学状态的重要手段。高分子材料由于其结构单元的多重性而导致了运动单元的多重性，在不同的温度(时间)下可表现出不同的力学特性,因此通过温度-形变测量可以了解高聚物的分子运动与力学性质间的关系,可求得不同分子运动能力区间的特征温度如玻璃化温度、粘流温度、熔点和分解温度等。在实际应用方面,温度-形变曲线可以用来评价高分子材料的耐热性、使用温度范围及加工温度等。

一、实验目的和要求

(1) 掌握测定高聚物温度-形变曲线的方法。

(2) 验证线形非晶高聚物的三个力学状态。

(3) 测定有机玻璃的玻璃化转变温度 T_g 和粘流转变温度 T_f。

二、实验内容和原理

1. 热机械分析(TMA)

热机械分析是在程序控制温度下测量物质在非振动负荷下的形变与温度关系的一种技术。实验室对具有一定形状的试样施加外力(方式有压缩、扭转、弯曲和拉伸等),根据所测试样的温度-形变曲线就可以得到试样在不同温度(时刻)时的力学性质。

2. 温度-形变曲线

(1) 温度-形变曲线的意义

① 了解高聚物的分子运动与力学性质间的关系;

② 分析高聚物的结构形态(如结晶、交联、增塑、相对分子质量等);

③ 反映在加热过程中发生的化学变化(如交联、分解等);

④ 测定特征温度(如玻璃化温度、粘流温度、熔点和分解温度等);

⑤ 评价材料耐热性、使用温度范围及加工温度等。

(2) 影响温度-形变曲线的因素

① 自身性质,包括组成、化学结构、相对分子质量、结晶度、交联度等因素。

② 实验条件:

- 升温速率,由运动的松弛性质决定,升温速度快,测得的 T_g、T_f 都较高;
- 载荷大小,增加载荷有利于运动过程的进行,因此 T_g、T_f 均会下降,且高弹态会不明显。

③ 试样尺寸。

3. 线形非晶高聚物

图 3-19 是线形非晶高聚物的温度-形变曲线,具有“三态”——玻璃态、高弹态和粘流态,以及“两区”——玻璃化转变区和粘流转变区,虚线表示相对分子质量更大时的情形。线形非晶高聚物各状态的特征如表 3-10 所列。

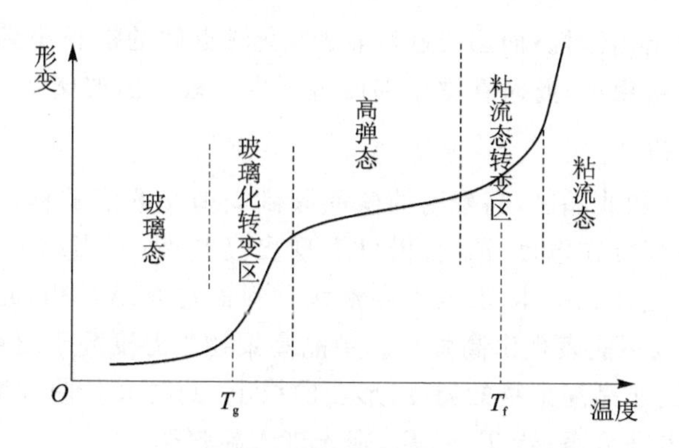

图 3-19　线形非晶高聚物的温度-形变曲线

表 3-10　线形非晶高聚物各状态的特征

状　态	微　观	宏　观
玻璃态	玻璃态时由于分子热运动能量低，不足以克服主链内旋转位垒，链段处于被冻结的状态，仅有侧基、链节、短支链等小运动单元可做局部振动，以及键长、键角的微小变化，因此不能实现构象的转变，或者说链段运动的松弛时间远大于观察时间，因此在观测时间内难以表现出链段的运动	宏观上表现为普弹形变，质硬而脆，形变小（1%以下），模量高（10^9～10^{10} Pa）
玻璃化转变区	链段运动开始解冻，链构象开始改变、进行伸缩	表现出明显的力学松弛行为，形变量迅速上升，具有坚韧的力学特性
高弹态	高聚物受到外力时，分子链单键的内旋转使链段运动，即通过构象的改变来适应外力的作用；一旦外力除去，分子链又可以通过单键的内旋转和链段的运动回复到原来的蜷曲状态	在宏观上表现为高弹性，形变量较大（100%～1 000%），模量很低（10^5～10^7 Pa），容易变形；一旦外力除去，则表现为弹性回缩
粘流转变区	链段运动加剧，分子链能进行重心位移	模量下降至10^4 Pa左右，表现出粘弹性特征
粘流态	高分子的整个分子链可以克服相互作用和缠结，链段沿作用力方向协同运动而导致高分子链的质量中心互相位移，即分子链整链运动的松弛时间缩短到与观测时间为同一数量级	宏观表现为粘性流动，为不可逆形变

由于链段的长度主要取决于链的柔性，与相对分子质量关系不大，因此当相对分子质量达到一定值以后玻璃化温度与相对分子质量的关系不大。而分子链整链的相对滑移要克服整链上分子间的作用力，因此相对分子质量越大其粘流温度也越高。

4. 交联高聚物

由于相互交联而不可能发生粘流性流动。当交联度较低时，链段的运动仍可进行，因此仍可表现出高弹性；而当交联度很高，交联点间的链长小到与链段长度相当时，链段的运动就被束缚，此时在整个温度范围内只表现出玻璃态。

5. 结晶高聚物

由于存在晶区和非晶区，高聚物的微晶起到类似交联点的作用。当结晶度较低时，高聚物中非晶部分在温度 T_g 后仍可表现出高弹性；而当结晶度大于 40%左右时，微晶交联点彼此连成一体，形成贯穿整块材料的连续结晶相，此时链短的运动被抑制，在 T_g 以上也不能表现出高弹性。结晶高聚物当温度高于熔点 T_m 时，其温度-形变曲线即重合到非晶高聚物的温度-形变曲线上，此时又分两种情况，若 $T_m > T_f$，则熔化后直接进入粘流态；若 $T_m < T_f$，则先进入高弹态。

对于结晶性高分子固体急速冷却得到的非晶或低结晶度的高聚物材料，在升温过程中会产生结晶使模量上升。这时如采用间歇加载的方式进行温度-形变测量，就会发现当温度达到 T_g 后形变上升，然后随结晶过程的进行形变又会下降。

三、实验仪器及原材料

仪器：温度-形变测定仪。

原材料：有机玻璃试样(厚度约为 2 mm)。

四、操作方法和实验步骤

(1) 开机：经检查线路无误后接通电源，打开主机和记录仪开关，按下“复位”按钮，预热机器 10 min。

(2) 放样：打开哈夫炉子，将试样放入，使压杆中心压在试样中心。

(3) 位移零点调零：闭合炉子，调节记录笔零点。

(4) 设置程序升温：设置升温速度为 5 ℃/min、走纸速度为 5 mm/min、位移量程为 0.5 V。

(5) 开始升温：升温速率控制在 5 ℃/min。

(6) 升温至形变曲线不再有明显变化时按下“复位”按钮。

(7) 打开风扇降温。

(8) 取样并清除试样残渣，关机。

(9) 取下记录纸进行后期处理。

注意事项：

(1) 在开始测量前，应使两记录笔横向画出一段印记，便于数据处理时测量笔距。

(2) 实验完毕后应使哈夫炉自然冷却，以延长其使用寿命。

五、实验数据记录和处理

温度-形变曲线测量数据表如表 3-11 所列。

表 3-11 温度-形变曲线测量数据表

试 样	起始温度 T_0/℃	加压负荷 E/MPa	升温速度 v/(℃·min^{-1})	T_g/℃	T_f/℃
PMMA					

起始温度 T_0：开始记录曲线时的炉温。

加压负荷 E：根据 $E=F\times g/(\pi d^2/4)$计算。式中，加压总负荷 F 包括压杆重、砝码和位移传感器弹簧力；重力加速度 $g=9.8$ N/kg；压力面直径 $d=2$ mm。

升温速度 v：在温度曲线线性区域内取 a、b 两点，横向距离为 5 小格（横向为温度坐标，4 ℃/小格。由温度量程为 400 ℃可得），纵向距离为 2 大格（纵向为时间坐标，2 min/大格，由纸速 5 mm/min 可得），于是可得升温速度＝5×4/4＝5 ℃/min，与设定的升温速度相同。

T_g 和 T_f：从温度-形变曲线上，以相应转折区两侧的直线部分外推得到的焦点作为转变点。根据两记录笔的笔距在温度线上找出相应的转变温度。

六、实验结果与分析

1. 实验结果

实验测得 PMMA 试样的玻璃化温度 T_g＝____℃，粘流温度 T_f＝____℃。

查出 PMMA 的 T_g 数据如表 3-12 所列。由表 3-12 可知，PMMA 中等规三元组的含量越高，T_g 越低；而间规三元组的含量越高，T_g 越高。通常认为 PMMA 的 T_g 在 85～105 ℃范围内。

表 3-12 PMMA 立构规整度对 T_g 的影响

T_g	立构规整度（三因素分析）		
	全同立构	间同异构	有规立构
41.5	0.95	0.05	0.00
54.3	0.73	0.16	0.11
61.6	0.62	0.20	0.18
104.0	0.06	0.37	0.56
114.2	0.10	0.31	0.59
119.0	0.04	0.37	0.59
120.0	0.10	0.20	0.70
125.6	0.09	0.36	0.64
134.0	0.01	0.18	0.81

2. 误差分析

误差主要有以下来源：

① 由于升温速度较快，测得的 T_g、T_f 可能比实际值偏高。

② 试样的相对分子质量分布较宽，或者载荷较大，导致高弹平台不明显，粘流转变区较宽，不利于对 T_f 的判断，主观误差的影响变大。

③ 载荷较大还会使测得的 T_g、T_f 相对偏低，但升温速度较快又会使 T_g、T_f 偏高，所以总的影响难以判断。

④ PMMA 试样尺寸及形状可能对实验结果有影响。

⑤ 形变记录笔笔尖较粗，记录的曲线有一定宽度，因而造成误差。

七、讨　论

从方法上来说，测定聚合物的温度-形变曲线简单、方便，但由于升温速度对实验结果的影响较大，所以往往需要较长的时间。而为了使测得的曲线之间更具有可比性，通常需要在同一台仪器上面进行测定，所以耗时较长，缺乏效率，这也是这种方法的缺点。

1. 影响 T_g 的因素

(1) 化学结构的影响

T_g 是高分子链段从冻结到运动(或反之)的转变温度，而链段运动是通过主链的单键内旋转来实现的。因此，凡是能影响高分子链柔性的结构因素，都对 T_g 有影响。减弱高分子链柔性或增加分子间作用力的因素，如引入刚性基团或极性基团、交联和结晶都会使 T_g 升高，而增加分子链柔性的因素，如加入增塑剂或溶剂、引进柔性基团等都会使 T_g 降低。

(2) 交联的影响

随着交联点密度的增加，高聚物的自由体积减小，分子链的活动受到约束的程度也增加，相邻交联点(化学交联点和物理交联点全考虑在内)之间的平均链长变小，所以交联作用使 T_g 升高。

(3) 相对分子质量的影响

相对分子质量的增加使 T_g 升高，特别是当相对分子质量较低时，这种影响更为明显。相对分子质量对 T_g 的影响主要是链端的影响。处于链末端的链段比中间的链段受到牵制要小一些，因而有比较剧烈的运动。相对分子质量增加意味着链端浓度减少，从而预期 T_g 增加。根据自由体积的概念可以导出 T_g 与 $\overline{M}_n$ 的关系如下：

$$T_g = T_{g,\infty} - \frac{K}{\overline{M}_n}$$

链端浓度与数均相对分子质量成反比，T_g 与 M_{n-1} 有线性关系。实际上当相对分子质量超过某一临界值后，链端的比例可以忽略不计，T_g 与 M_n 的关系不大。常

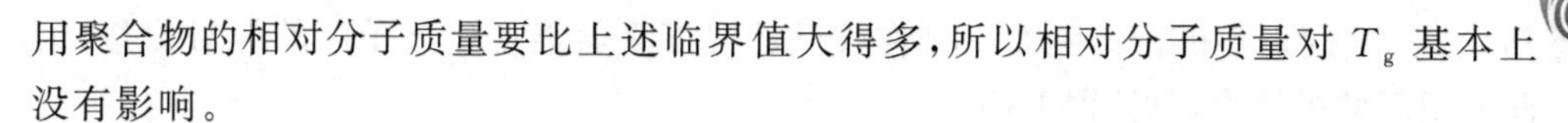

用聚合物的相对分子质量要比上述临界值大得多，所以相对分子质量对 T_g 基本上没有影响。

（4）增塑剂或稀释剂的影响

玻璃化温度较高的聚合物，在加入增塑剂后，可以使 T_g 明显下降。

（5）两相体系的影响

许多高分子共混物及其相应的接枝与嵌段共聚物以及高分子互穿网络等，都会发生相分离。在这种情况下，每一相都有其自身的 T_g。

（6）结晶度的影响

结晶高分子，如聚乙烯、聚丙烯、尼龙与聚酯类，也具有玻璃化转变。此时，玻璃化转变只是发生在这些高分子的无定形部分。微晶区的存在限制了无定形分子的运动，常使 T_g 温度升高。

（7）压力的影响

压力增加导致总体积降低，根据自由体积理论，自由体积降低将导致 T_g 升高。研究发现，在转变温度附近，体积对压力图同样具有拐点，类似于体积-温度图。转变温度对压力的关系为

$$\frac{dT_g}{dP}=\frac{K_f}{\alpha_f}=\frac{\Delta K}{\Delta\alpha}$$

上式表明，增加压力可以导致玻璃化。这一结论对于工程操作如模压或者挤压成型十分重要。

（8）外界条件的影响

① 升温速度。由于玻璃化转变不是热力学平衡过程，所以 T_g 与外界条件有关。升温速度快、降温速度快都将导致测得的 T_g 高；相反地，升温速度慢、降温速度慢都将导致测得的 T_g 低。

② 外力作用时间。由于聚合物链段运动需要一定的松弛时间，如果外力作用时间短（频率大，即作用速度快，观察时间短），聚合物形变跟不上环境条件的变化，聚合物就显得比较刚硬，使测得的 T_g 偏高。

2. 影响 T_f 的因素

（1）分子结构的影响

分子链柔性好，链内旋转位垒低，流动单元链段就短，按照高分子流动的分段移动激励，柔性分子链流动所需要的空穴就少，流动活化能也较低，因而在较低的温度下即可发生粘性流动；反之，分子链柔顺性较差的，就需要在较高的温度下才能流动，同时也只能在较高的温度下，分子链的热运动能量才能达到足以克服刚性分子的较大的内旋转位垒。所以分子链越柔顺，粘流温度就越低；而分子链越刚性，粘流温度越高。粘性流动是分子与分子间的相对位置发生显著改变的过程，如果分子之间的相互作用力很大，则必须在较高的温度下才能克服分子间的相互作用而产生相对位

移;如果分子间的相互作用力小,则在较低的温度下就能产生分子间的相对位移,因此分子间的极性大,粘流温度高。

(2) 相对分子质量的影响

粘流温度是整个高分子链发生运动时的温度,这种运动不仅与高聚物的结构有关,而且与相对分子质量有关。相对分子质量越大则粘流温度越高,因为分子运动时,相对分子质量越大内摩擦阻力越大,而且分子链越长,分子链本身的热运动会阻碍整个分子向某一方向运动。所以相对分子质量越大,位移运动越不易进行,粘流温度就要提高。

(3) 外力大小和外力作用时间

外力增大实质上是更多地抵消分子链沿着与外力相反方向的热运动,提高链段沿外力方向向前跃迁的记录,使分子链的中心有效地发生位移,因此有外力作用时,在较低的温度下,聚合物即可发生流动。延长外力作用的时间也有助于高分子链产生粘性流动,因此增加外力作用的时间就相当于降低粘流温度。

八、思考题

1. 线形非晶高聚物的温度-形变曲线与分子运动有什么内在联系?
2. 高聚物的温度-形变曲线受哪些条件的影响?怎样才具有可比性。
3. 研究高聚物温度-形变曲线有什么理论与实际意义?
4. 为什么粘流转变点曲线的转折没有玻璃化转变陡?

Ⅳ　聚合物研究方法实验

实验一　聚苯乙烯、苯甲酸和苯乙酮的红外光谱测绘

一、实验目的和要求

(1) 熟悉溴化钾压片法和溶液铸模法制备固体样品的方法。

(2) 了解液膜法制备液体样品的方法。

(3) 学习并掌握红外光谱仪的使用方法。

(4) 初步学会对红外吸收光谱进行解析。

二、实验原理

物质分子中的各种不同基团，在有选择性地吸收不同频率的红外辐射后，发生振动能级之间的跃迁，形成各自独特的红外吸收光谱。据此，可对物质进行定性、定量分析，特别是在对化合物结构的鉴定方面，应用更为广泛。

基团的振动频率和吸收强度与组成基团的原子质量、化学键类型及分子的几何构型等有关。因此根据红外吸收光谱的峰位、峰强、峰形和峰数目，可以判断物质中可能存在的某些官能团，进而推断未知物的结构。如果分子比较复杂，还需结合紫外光谱、核磁共振谱和质谱等手段作综合判断。最后可通过与未知样品相同测定条件下得到的标准样品的谱图或已发表的标准图谱（如 Sadlter 红外光谱图等）进行分析比较，作出进一步的证实。如果找不到标准样品或者标准谱图，则可根据所推测的某些官能团，用制备模型化合物的方法来核实。

三、实验仪器和原材料

红外光谱仪、压片机、玛瑙研钵、可拆式液池、聚苯乙烯薄膜、苯甲酸（80 ℃下干燥 24 h，存于干燥器中）、苯乙酮、溴化钾（130 ℃下干燥 24 h，存于干燥器中）。

四、实验内容

1. 波数检验

将聚苯乙烯薄膜直接放入试样安放处，从 4 000～600 cm^{-1} 进行波数扫描，得到吸

收图谱，并与仪器所存（或说明书）标准图谱进行对照。对 2 850.7 cm^{-1}、1 601.4 cm^{-1}、906.7 cm^{-1} 的吸收峰进行检验，要求在 4 000～2 000 cm^{-1} 范围内，波数误差不大于±10 nm；在 2 000～600 cm^{-1} 范围内，波数误差不大于±3nm。

2. 压片法测苯甲酸的红外图谱

取 2 mg 苯甲酸，加入 100 mg 溴化钾粉末，在玛瑙研钵中充分磨细（颗粒约 2 μm），使之混合均匀，将其在红外灯下烘 10 min 左右。在压片机上压成透明薄片。将夹持薄片的螺母插入试样安放处，从 4 000～600 cm^{-1} 进行波数扫描，得到吸收光谱。

3. 溶液铸膜法测聚苯乙烯的红外光谱

将聚苯乙烯溶于甲苯，将上层清液倾出，在通风橱中挥发浓缩，浓缩液倒在干净的玻璃板上，干燥后揭下薄膜，直接做红外光谱。还可用聚四氟乙烯棒切削成具有平滑内底面的圆盘状模具，制膜时把试样溶液倒入模具，采用试样溶液的浓度和溶液的量来控制薄膜的厚度。待溶剂挥发干后，由于聚四氟乙烯光滑易脱模，可以很方便地取下薄膜，而且聚四氟乙烯耐腐蚀性极强，各种溶剂配制的溶液均可使用聚四氟乙烯模具。将夹持薄片的螺母插入试样安放处，从 4 000～600 cm^{-1} 进行波数扫描，得到吸收光谱。

4. 液膜法测苯乙酮的红外图谱

可拆式液体试样池的准备：戴上手套，将可拆式液体试样池的两个盐片从干燥器中取出，在红外灯下用少许滑石粉混入几滴无水乙醇磨光其表面，用软纸擦净后，滴加无水乙醇 1～2 滴，再用吸收纸擦干净。反复数次，使盐片表面抛光，然后将盐片放置于红外灯下烘干备用。

液体试样的测定：在可拆式液池的金属池板上垫上橡胶圈，在中央位置放一盐片，然后滴半滴液体试样于盐片上。将另一盐片平压在上面（不能有气泡），再将另一金属片盖上，谨慎地旋紧对角方向的螺丝，将盐片夹紧形成一层薄的液膜。把此液体池放于试样池中的光路中，从 4 000～600 cm^{-1} 进行波数扫描，得到吸收光谱。

注意：以上测定均以空气作为参比。

五、思考题

(1) 用压片法制样时，为什么要求将固体试样研磨到颗粒度为 2 μm 左右？为什么要求 KBr 粉末干燥、避免吸水受潮？

(2) 对于高聚物固体材料，很难研磨成细小的颗粒，采用什么方法比较可行？

(3) 芳香烃的红外特征吸收在谱图的什么位置？

(4) 羟基化合物谱图的主要特征是什么？

(5) 在含氧有机化合物中，如在 1 900～1 600 cm^{-1} 区域存在强吸收谱带，能否断定分子中有羰基存在？

实验二 苯乙烯、聚苯乙烯、苯和苯酚的紫外光谱测绘

一、实验目的

(1) 掌握 UV-2100 型紫外可见分光光度计的原理及其可分析物质的结构特征。

(2) 学习有机化合物紫外吸收光谱的绘制方法。

(3) 了解助色团对苯吸收光谱的影响。

(4) 观察溶液的酸碱性对苯酚吸收光谱的影响。

二、实验原理

紫外可见分光光度法是基于物质分子对光的选择性吸收建立起来的分析方法。波长在 200～400 nm 范围的光称为紫外光,人眼能感觉到的光的波长在 400～750 nm 之间,称为可见光。电子跃迁所需的能量为 1～20 eV,因此由价电子跃迁而产生的分子光谱位于紫外光及可见光部分。测量某种物质对不同波长光的吸收程度,以波长为横坐标,吸光度为纵坐标,可得到吸收光谱曲线,它能清楚地反映物质对光的吸收情况。

具有不饱和结构的有机化合物,特别是芳香族化合物,在近紫外区(200～400 nm)有特征的吸收,给鉴定有机化合物提供了有用的信息。苯有三个吸收带,它们都是 $\pi \rightarrow \pi^*$ 跃迁引起的:E1 带,$\lambda_{max}=180$ nm($\varepsilon=60\ 000$ L·cm^{-1}·mol^{-1});E2 带,$\lambda_{max}=204$ nm($\varepsilon=8\ 000$ L·cm^{-1}·mol^{-1}),两者都属于强吸收带;B 带,出现在 230～270 nm,其 $\lambda_{max}=254$ nm($\varepsilon=230$ L·cm^{-1}·mol^{-1})。当苯环上有取代基时,苯的三个吸收带都将发生显著的变化,苯的 B 带显著红移,并且吸收强度增大。

溶液的酸碱性对有机化合物的紫外吸收光谱有一定的影响,苯酚在碱性溶液中失去 H^+ 成负氧离子,形成一对新的非键电子,增加了羟基与苯环的共轭效应,吸收谱带红移。

三、实验仪器和原材料

实验仪器:UV-2100 型紫外可见分光光度计、带盖石英比色皿(1 cm)。

原材料:苯乙烯、聚苯乙烯、苯、苯酚、三氯甲烷、乙醇。苯乙烯的三氯甲烷溶液(0.3 mg/mL),聚苯乙烯的三氯甲烷溶液(0.3 mg/mL)、苯的乙醇溶液(1∶250),苯酚的乙醇溶液(0.3 mg/mL),0.1 mol/L HCl,0.1 mol/L NaOH。

四、实验内容

1. 苯乙烯、聚苯乙烯、苯、苯酚的吸收光谱测绘

在4个10 mL的容量瓶中，分别加入苯乙烯、聚苯乙烯、苯、苯酚溶液1.0 mL，用相应溶剂稀释至刻度，摇匀。用石英比色皿，以相应溶剂为参比，在220～300 nm波长范围内测吸光度A值，每隔2 nm取一A值，绘出$A-\lambda$吸收曲线。观察各吸收光谱的图形，找出其λ_{max}，红移了多少纳米？

2. 溶液的酸碱性对苯酚吸收光谱的影响

在两个10 mL的容量瓶中，各加入苯酚溶液0.60 mL，分别用0.1 mol/L HCl、0.1 mol/L NaOH溶液稀释至刻度，摇匀。用石英比色皿，以蒸馏水为参比，在220～300 nm波长范围内测吸光度A值，绘出$A-\lambda$吸收曲线。比较吸收光谱λ_{max}的变化。

五、UV-2100型紫外可见分光光度计的操作步骤

(1) 接通电源，至仪器自检完毕，显示器显示“100.0　546 nm”即可进行测试。

(2) 用“MODE” 键设置测试方式：吸光度(A)。

(3) 用“WAVELENGTH”键设置测试波长。

(4) 用“D_2”键选择光源：氘灯。

(5) 将参比样品溶液和被测样品溶液分别倒入比色皿中，打开样品室盖，将盛有溶液的比色皿分别插入比色皿槽中，盖上样品室盖。

(6) 将参比样品溶液推入光路中，按“0A/100%T”键，直至显示器显示“0.000 ”为止。

(7) 将被测样品溶液推入光路中，即可从显示器上得到被测样品的吸光度A值。

(8) 每当分析波长改变时，必须重新调整“0A/100%T”，否则仪器将不会继续工作。

六、思考题

(1) 综述紫外吸收光谱分析的基本原理。

(2) 分子中哪类电子的跃迁将会产生紫外吸收光谱？

(3) 聚苯乙烯、聚乙烯、聚碳酸酯三种聚合物在200～400 nm的紫外区有吸收吗？为什么？

实验三 聚对苯二甲酸乙二醇酯差热/热重分析

一、实验目的和要求

(1) 掌握差热/热重分析的原理,依据差热/热重曲线解析样品的差热/热重过程。

(2) 了解 DiamondTG/DTA 综合热分析仪的基本构造、工作原理及使用方法。

(3) 用综合热分析仪测定样品的差热/热重曲线,并通过微机处理差热和热重数据。

二、实验原理

1. 差热分析

差热分析(DTA)是在程序控制温度下测定物质和参比物之间的温度差和温度关系的一种技术。物质在加热或冷却过程中的某一特定温度下,往往会发生伴随有吸热或放热效应的物理、化学变化,如晶型转变、沸腾、升华、蒸发、熔融等物理变化,以及氧化还原、分解、脱水和离解等化学变化;另外有一些物理变化如玻璃化转变,虽无热效应发生,但比热容等某些物理性质也会发生改变,此时物质的质量不一定改变,但温度是必定会变化的,测定物质温度的变化就可研究其变化过程。差热分析就是在物质这类性质基础上发展起来的一种技术。差热分析 DTA 是将试样和参比物置于同一环境中以一定速率加热或冷却,将两者间的温度差对时间或温度作记录的方法。从 DTA 获得的曲线实验数据是这样表示的:纵坐标代表温度差 ΔT,吸热过程显示一个向下的峰,放热过程显示一个向上的峰。横坐标代表时间或温度,从左到右表示增加。

2. 热重法

物质受热时,发生化学反应,质量也就随之改变,测定物质质量的变化就可研究其变化过程。热重法(TG)是在程序控制温度下,测量物质质量与温度关系的一种技术。热重法实验得到的曲线称为热重曲线(即 TG 曲线)。TG 曲线以质量为纵坐标,从上向下表示质量减少;以温度(或时间)为横坐标,自左至右表示温度(或时间)增加。

热重法的主要特点是定量性强,能准确地测量物质的变化及变化的速率。热重法的实验结果与实验条件有关。但在相同的实验条件下,同种样品的热重数据是重现的。

从热重法派生出微商热重法(DTG),即 TG 曲线对温度(或时间)的一阶导数。实验时可同时得到 DTG 曲线和 TG 曲线。DTG 曲线能精确地反映出起始反应温度、达到最大反应速率的温度的反应终止的温度。在TG上,对应于整个变化过程中各阶段的变化互相衔接而不易区分开,同样的变化过程在DTG曲线上能呈现出明显的最大值。故DTG能很好地显示出重叠反应,区分各个反应阶段,这是DTG的最可取之处。另外,DTG曲线峰的面积精确地对应着变化了的质量,因而DTG能精确地进行定量分析。有些材料由于种种原因不能用DTA来分析,但可以用DTG来分析。

3. DiamondTG/DTA 综合热分析仪

该仪器是差热-热重联用的综合热分析仪。它是在程序温度(等速升降温、恒温和循环)控制下,测量物质热化学性质的分析仪器。常用于测定物质在熔融、相变、分解、化合、凝固、脱水、蒸发、升华等特定温度下发生的热量和质量变化,是研究不同温度下物质物理化学性质的重要分析仪器。DiamondTG/DTA 综合热分析仪原理图如图4-1所示。

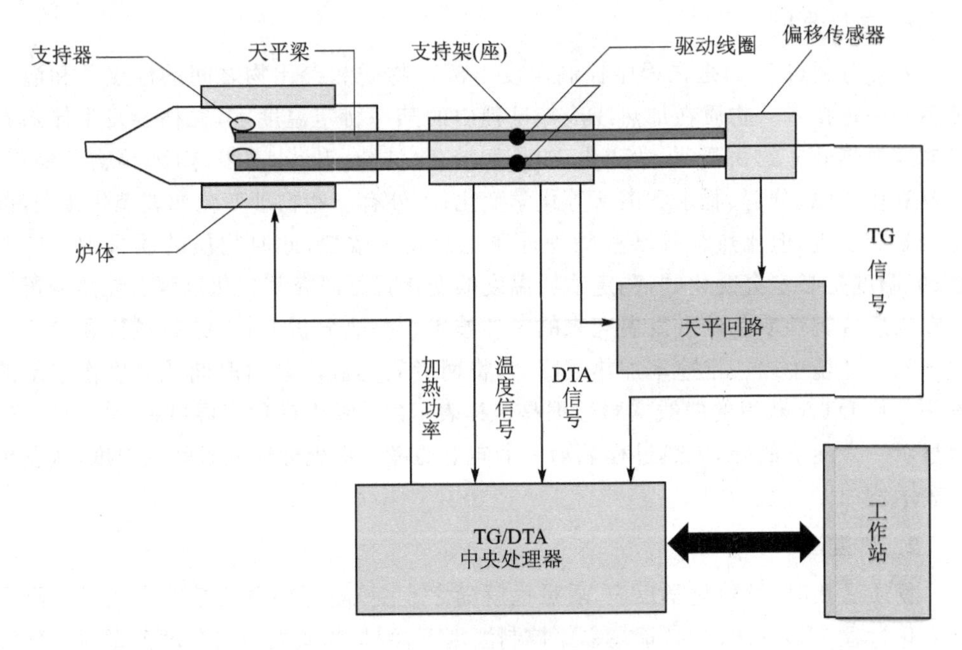

图4-1 DiamondTG/DTA 综合热分析仪原理图

仪器的天平测量系统采用电子称量,实验过程中不断采集试样质量,就可获得试样质量随温度变化的热重曲线TG。质量信号输入微分电路后,微分电路输出端便会得到热重的一次微分曲线DTG。

差热信号测试时将参比物(α-氧化铝粉)与试样分别放在两个坩埚内,加热炉以一定速率升温,若试样没有热反应,则它与参比物的温差为零;若试样在某一温度范围有吸热(或放热)反应,则试样温度将停止(或加快)上升,与参比物间产生温差,把温差的热电势放大后经微机实时采集,可得差热的峰型曲线。

综合热分析仪由热天平、加热炉、冷却风扇、微机控温单元、天平放大单元、微分单元、差热单元、接口单元、气氛控制单元等组成。

三、实验仪器和原材料

仪器：Diamond TG/DTA 综合热分析仪1套。

待测样品：聚对苯二甲酸乙二醇酯，参比物：$\alpha-Al_2O_3$。

四、实验步骤

1. 开机与实验条件设置

接通仪器的各个控制单元电源，开启计算机。接通气路调节气体流量，气氛单元氮气钢瓶输出压力为0.2 MPa，流量20～40 mL·min^{-1}。在计算机中编制温控程序参数：起始温度为室温；升温至250 ℃保温2 min后降温至室温；之后继续升温至终止温度600℃；升降温速率为10 ℃·min^{-1}。

2. 样品准备

打开炉体，关闭风扇开关。在样品和参比盘上各放上一个试样坩埚，并在参比坩埚中放置一些氧化铝粉末作为参比物。

合上炉体，待TG信号稳定后，单击TG/DTA测量窗口里的"ZERO"清零按钮，此时TG信号显示值为0.000 mg。

打开炉体，把待测量样品加入样品盘上的试样坩埚中(不要碰到天平梁)，合上炉体。待TG信号稳定后，所显示的TG信号值即为样品的质量。

打开"Set Sample Condition 设置实验条件"窗口输入样品质量，或单击"Auto Read"自动读数按钮读取样品质量。

3. 样品测量

单击"Run"按钮开始测量，控制按钮下面的"控制状态显示"由"Ready"转换为"Running"，当温度达到设定的限制温度上限时，测量结束。在程序运行期间若要停止测量，可按"Stop"按钮终止测量。

4. 数据处理和关闭仪器

测量结束后，在计算机中做数据处理。调入所存文件，分别做热重数据处理和差热数据处理。选定每个台阶或峰的起止位置，可计算出各个反应阶段的TG失重百分比、失重始温、终温、失重速率最大点温度和DTA的峰面积热焓、峰起始点、外推始点、峰顶温度、终点温度、玻璃化温度等。

数据处理结束后，关闭计算机和综合热处理仪各单元的电源开关；炉体冷却后关闭气源。

五、思考题

(1) 什么是热分析和差热分析？由热分析可得到哪些信息？从差热分析可得到什么信息？

(2) 从热重法可得到什么信息？影响热重曲线的因素有哪些？

(3) 如何解释 PET 的差热/热重曲线？

(4) DSC 与 DTA 有什么主要差别？

实验四　聚对苯二甲酸乙二醇酯差示扫描量热分析

一、实验目的

(1) 掌握差示扫描量热分析的基本原理。

(2) 了解 DSC6220 热分析仪的基本构造、工作原理及使用方法。

(3) 了解应用 DSC 测定聚合物的 T_g、T_c、T_m、ΔH_f 及结晶度 Xc 的方法。

二、实验原理

差示扫描量热法(DSC)是指在温度程序控制下，测量输入到被测物质与参比物之间的能量差与温度之间的关系的一种方法。

图 4-2 为功率补偿式 DSC 仪器示意图，在试样(S)和参比物(R)下面分别增加了一个补偿加热丝，此外还增加了一个功率补偿放大器，当试样发生热效应时，譬如放热，试样温度高于参比物温度，这时放置在它们下面的一组差示热电偶将产生温差

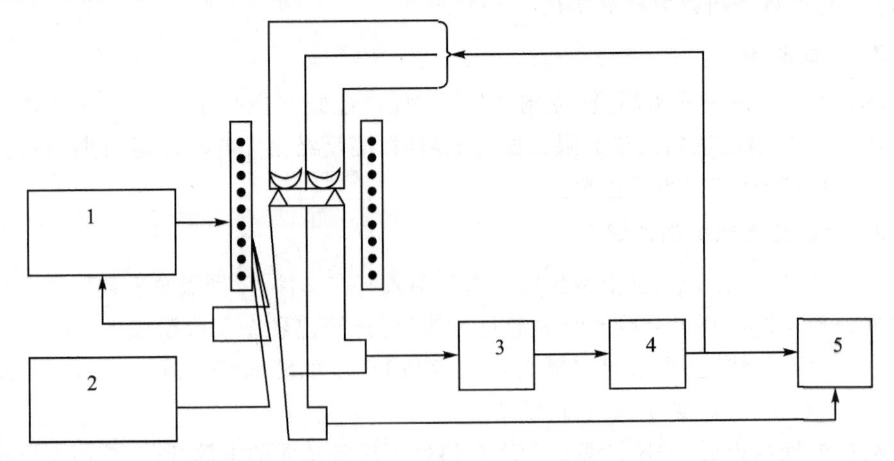

1—温度程序控制器；2—气氛控制；3—差热放大器；4—功率补偿放大器；5—记录仪

图 4-2　功率补偿式 DSC 示意图

电势 $U_{\Delta T}$，经差热放大器放大后送入功率补偿放大器，功率补偿放大器自动调节补偿加热丝的电流，使试样下面的电流 I_S 减小，参比物下面的电流 I_R 增大，而 I_S+I_R 保持恒定。降低试样的温度，提高参比物的温度，使试样和参比物之间的温差 ΔT 趋于零。上述热量补偿能及时、迅速完成，使试样和参比物的温度始终维持相同。

设试样和参比物下面的补偿加热丝的电阻值相同，即 $R_S=R_R=R$，补偿电热丝上的电功率为 $P_S=I_S^2R$ 和 $P_R=I_R^2R$。当样品没有热效应时，$P_S=P_R$；当样品存在热效应时，P_S 和 P_R 的差 ΔP 能反映样品放（吸）热的功率，即

$$\Delta P=P_S-P_R=I_S^2R-I_R^2R=(I_S+I_R)(I_S-I_R)R=(I_S+I_R)\Delta V=I\Delta V \tag{4-1}$$

由于总电流 I_S+I_R 为恒定，所以样品的放（吸）热的功率 ΔP 只和 ΔV 成正比，因此只要记录 ΔP 随温度 T 或者时间 t 的变化就是试样放热速度（或者吸热速度）随 T（或 t）的变化，这就是 DSC 曲线，

DSC 曲线的纵坐标代表试样放热或吸热的速度，即热流速度，单位是 mJ/s，横坐标代表时间或温度，从左到右表示增加，同样规定吸热峰向下，放热峰向上。

试样放热或吸热的热量为

$$\Delta Q=\int_{t_2}^{t_1}\Delta P'\mathrm{d}t \tag{4-2}$$

式（4－2）右边的积分就是峰的面积，在 DSC 中，峰的面积是维持试样与参比物温度相等所需要输入的电能的真实量度，即 DSC 是直接测量样品所产生的热效应的热量，它与仪器的热学常数或试样热性能的各种变化无关，因此可进行定量分析。

但是试样和参比物与补偿加热丝之间总是存在热阻，补偿的热量有些失漏，因此热效应的热量应该是 $\Delta Q=KA$，K 为仪器常数，可由标准物质实验确定，这里的 K 不随温度、操作条件而变，这就是 DSC 比 DTA 定量性能好的原因；同时试样和参比物与热电偶之间的热阻可做得尽可能的小，这就使 DSC 对热效应的响应快、灵敏、峰的分辨率好。

三、实验仪器和原材料

仪器：DSC6220 热分析仪 1 套。

待测样品：聚对苯二甲酸乙二醇酯，参比物：$\alpha-Al_2O_3$。

四、实验内容

1. 准备工作

开机：开启计算机和 DSC 测试仪，同时打开氮气阀，控制气流量 20 mL/min。

打开测试软件，建立新的测试窗口和测试文件。

设定测量参数：测量类型、样品、操作者、材料、样品编号、样品名、样品质量。

在计算机中编制温控程序参数：在设定程序温度时，初始温度要比测试过程中出现的第一个特征温度至少低50～60 ℃。初始温度设定为20 ℃并升温至250 ℃保温2 min，降温至20 ℃保持2 min，继续升温至250 ℃并保温2 min，之后降温至20 ℃，升降温速率为10 ℃ · min^{-1}。

2. 样品测试

将装有准确称重的待测样品的坩埚和参比坩埚放入样品池。

开始测试，仪器自动开始运行，运行结束后得到谱图。

用随机软件处理谱图，确定样品的玻璃化转变温度 T_g，熔融温度 T_m、结晶温度 T_c。

打印被测样品的谱图及数据分析结果。

3. 关　机

温度降至室温时，取出样品池中的样品坩埚。关闭测试仪。

五、思考题

(1) 影响 DSC 的主要因素有哪些？测试同一组试样时如何保持测试条件的一致性？

(2) 在 DSC 谱图上怎样辨别 T_g、T_c、T_m？

(3) 为什么 DSC 测试的上限温度必须低于样品的分解温度？

实验五　凝胶渗透色谱法测定聚合物的相对分子质量分布

合成聚合物一般是由不同相对分子质量的同系物组成的混合物，具有两个特点：相对分子质量大和同系物的相对分子质量具有多分散性。目前，在表示某一聚合物相对分子质量时一般同时给出其平均相对分子质量和相对分子质量分布。相对分子质量分布是指聚合物中各同系物的含量与其相对分子质量间的关系，可以用聚合物的相对分子质量分布曲线描述。聚合物的物理性能与其相对分子质量和相对分子质量分布密切相关，因此对聚合物的相对分子质量和相对分子质量分布进行测定具有重要的科学和实际意义。同时，由于聚合物的相对分子质量和相对分子质量分布是由聚合过程的机理所决定的，所以通过聚合物的相对分子质量和相对分子质量分布与聚合时间的关系可以研究聚合机理和聚合动力学。测定聚合物相对分子质量的方法有多种，如粘度法、端基分析法、超离心沉降法、动态/静态光散射法和凝胶色谱法(GPC)等；测定聚合物相对分子质量分布的方法主要有以下三种：

(1) 利用聚合物溶解度的相对分子质量依赖性，将试样分成相对分子质量不同的级分，从而得到试样的相对分子质量分布，例如沉淀分级法和梯度淋洗分级法。

（2）利用聚合物分子链在溶液中的分子运动性质得出聚合物的相对分子质量分布，例如，超速离心沉降法。

（3）利用聚合物体积的相对分子质量依赖性得到相对分子质量分布，例如，体积排除色谱法（或称凝胶色谱法）。

凝胶色谱法具有快速、精确、重复性好等优点，目前成为科研和工业生产领域测定聚合物相对分子质量和相对分子质量分布的主要方法。

一、实验目的和要求

（1）了解凝胶渗透色谱法的测量原理，初步掌握 GPC 的进样、淋洗、接收、检测等实验操作技术。

（2）掌握相对分子质量分布曲线的分析方法，得到样品的数均相对分子质量、重均相对分子质量和多分散性指数。

二、实验装置与原理

1. 分离机理

GPC 是液相色谱的一个分支，其分离部件是一个以多孔性凝胶作为载体的色谱柱，凝胶的表面与内部含有大量彼此贯穿的大小不等的空洞。色谱柱总面积 V_t 由载体骨架体积 V_g、载体内部孔洞体积 V_i 和载体粒间体积 V_0 组成。GPC 的分离机理通常用“空间排斥效应”解释。待测聚合物试样以一定速度流经充满溶剂的色谱柱，溶质分子向填料孔洞渗透，渗透几率与分子尺寸有关，分为以下三种情况：

① 高分子尺寸大于填料所有孔洞孔径，高分子只能存在于凝胶颗粒之间的空隙中，淋洗体积 $V_e=V_0$ 为定值。

② 高分子尺寸小于填料所有孔洞孔径，高分子可在所有凝胶孔洞之间填充，淋洗体积 $V_e=V_0+V_i$ 为定值。

③ 高分子尺寸介于前两种之间，较大分子渗入孔洞的几率比较小分子渗入的几率要小，在柱内流经的路程要短，因而在柱中停留的时间也短，从而达到了分离的目的。

当聚合物溶液流经色谱柱时，较大的分子被排除在粒子的小孔之外，只能从粒子间的间隙通过，速率较快；而较小的分子可以进入粒子中的小孔，但通过的速率要慢得多。经过一定长度的色谱柱，分子根据相对分子质量被分开，相对分子质量大的在前面（即淋洗时间短），相对分子质量小的在后面（即淋洗时间长）。自试样进柱到被淋洗出来，所接受到的淋出液总体积称为该试样的淋出体积。当仪器和实验条件确定后，溶质的淋出体积与其相对分子质量有关，相对分子质量越大，其淋出体积越小。分子的淋出体积为

$$V_e=V_0+KV_i \quad (K\text{ 为分配系数},0\leqslant K\leqslant 1,\text{相对分子质量越小,其越趋于 }1) \tag{4-3}$$

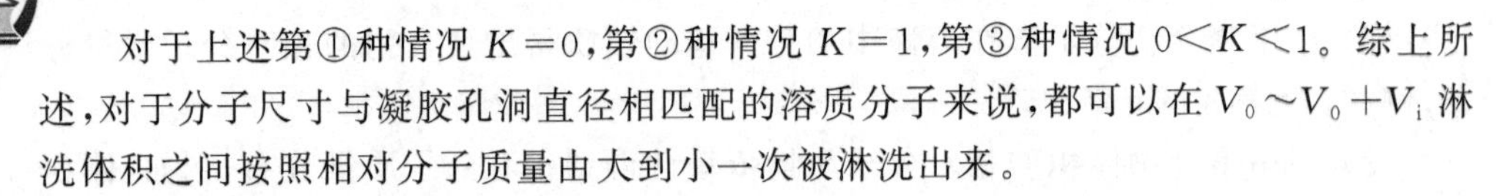

对于上述第①种情况 $K=0$，第②种情况 $K=1$，第③种情况 $0<K<1$。综上所述，对于分子尺寸与凝胶孔洞直径相匹配的溶质分子来说，都可以在 $V_0 \sim V_0+V_i$ 淋洗体积之间按照相对分子质量由大到小一次被淋洗出来。

2. 检测机理

除了将相对分子质量不同的分子分离开来，还需要测定其含量和相对分子质量。实验中用示差折光仪测定淋出液的折光指数与纯溶剂的折光指数之差 Δn，而在稀溶液范围内 Δn 与淋出组分的相对浓度 Δc 成正比，则以 Δn 对淋出体积（或时间）作图可表征不同分子的浓度。图 4-3 为折光指数之差 Δn（浓度响应）对淋出体积（或时间）作图得到的 GPC 谱图示意图。

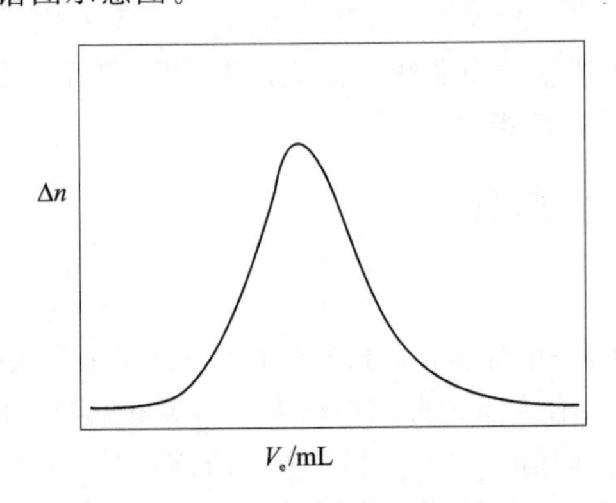

图 4-3　折光指数之差 Δn 对淋出体积作图得到的 GPC 谱图示意图

3. 校正曲线

用已知相对分子质量的单分散标准聚合物预先做一条淋洗体积或淋洗时间和相对分子质量对应关系曲线，该线称为“校正曲线”。聚合物中几乎找不到单分散的标准样，一般用窄分布的试样代替。在相同的测试条件下，做一系列的 GPC 标准谱图，对应不同相对分子质量样品的保留时间，以 $\lg M$ 对 t 作图，所得曲线即为“校正曲线”；用一组已知相对分子质量的单分散性聚合物标准试样，以它们峰值位置的 V_e 对 $\lg M$ 作图，可得 GPC 校正曲线（见图 4-4）。

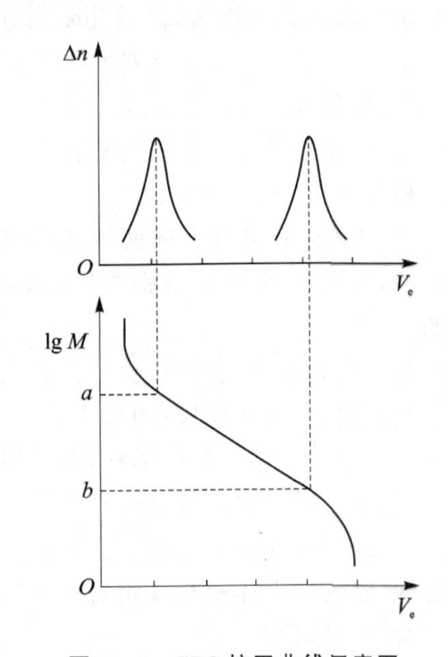

图 4-4　GPC 校正曲线示意图

由图 4-4 可见，当 $\lg M>a$ 与 $\lg M<b$ 时，曲线与纵轴平行，说明此时的淋洗体积与试样相对分子质量无关。$V_0+V_i \sim V_0$ 是凝胶选择性渗透分离的有效范围，即为标定曲线的直线部分，一般在这部分相对分子质

量与淋洗体积的关系可用简单的线性方程表示

$$\lg M = A + BV_e \tag{4-4}$$

式中：A、B 为常数，与聚合物、溶剂、温度、填料及仪器有关，其数值可由校正曲线得到。

对于不同类型的高分子，在相对分子质量相同时其分子尺寸并不一定相同。用聚苯乙烯作为标准样品得到的校正曲线不能直接应用于其他类型的聚合物。而许多聚合物不易获得窄分布的标准样品进行标定，因此希望能借助于某一聚合物的标准样品在某种条件下测得的标准曲线，通过转换关系在相同条件下用于其他类型的聚合物试样。这种校正曲线称为普适校正曲线。根据 Flory 流体力学体积理论，对于柔性链，当下式成立时，两种高分子具有相同的流体力学体积：

$$[\eta]_1 M_1 = [\eta]_2 M_2 \tag{4-5}$$

再将 Mark - Houwink 方程$[\eta]=KM^{\alpha}$ 代入式(4-5)可得

$$\lg M_2 = \frac{1}{1+\alpha_2}\lg\frac{K_1}{K_2} + \frac{1+\alpha_1}{1+\alpha_2}\lg M_1 \tag{4-6}$$

由此，如已知在测定条件下两种聚合物的 K、α 值，就可以根据标样的淋出体积与相对分子质量的关系换算出试样的淋出体积与相对分子质量的关系，只要知道某一淋出体积的相对分子质量 M_1，就可算出同一淋出体积下其他聚合物的相对分子质量 M_2。

4. 柱效率和分离度

与其他色谱分析方法相同，实际的分离过程非理想，相同相对分子质量的试样在GPC 上的谱图有一定分布，即相对分子质量完全均一的试样，其在 GPC 的图谱上也有一个分布。采用柱效率和分离度能全面反映色谱柱性能的好坏。色谱柱的效率是采用“理论塔板数”N 进行描述的。测定 N 的方法使用一种相对分子质量均一的纯物质，如邻二氯苯、苯甲醇、乙腈和苯等作 GPC 测定，得到色谱峰如图 4-5 所示。

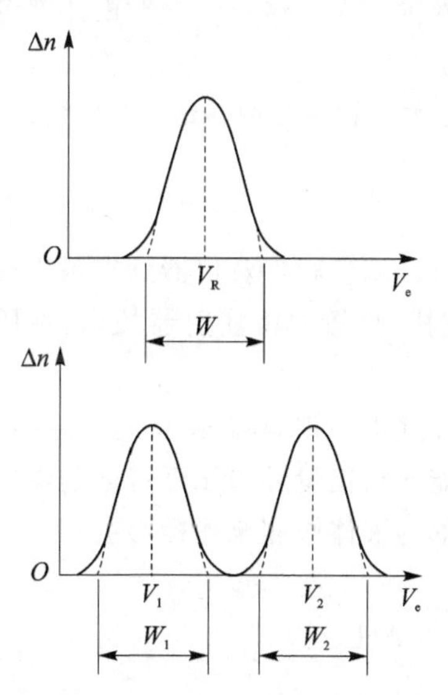

图 4-5　柱效率和分离度示意图

从图 4-5 中得到峰顶位置淋出体积 V_R、峰底宽 W，按照下式计算 N：

$$N = 16(V_R/W)^2 \tag{4-7}$$

对于相同长度的色谱柱，N 值越大意味着柱效率越高。

GPC 柱性能的好坏不仅看柱的效率，还要注意柱的分辨能力，一般用分离度 R 表示：

$$R = 2(V_2 - V_1)/(W_1 + W_2) \tag{4-8}$$

如图 4-5 所示的完全分离情形，此时 R 应大于或等于 1，当 R 小于 1 时分离是不完全的。为了比较色谱柱的分离能力，定义比分离度 R_s，它表示相对分子质量相差 10 倍时的组分分离度，定义为：

$$R_s = 2(V_2 - V_1)/(W_1 + W_2)(\lg M_{w1} - \lg M_{w2}) \tag{4-9}$$

三、实验仪器和原材料

1. 仪　器

Waters 1515 Isocratic HPLC 型凝胶色谱仪（带有示差折光检测装置，B 型号色谱管×2）主要由输液系统、进样器、色谱柱（可分离相对分子质量范围 $2\times10^2\sim2\times10^6$）、示差折光仪检测器、记录系统等组成。

2. 原材料

质量分数为 3‰的聚苯乙烯溶液试样、一系列不同相对分子质量的窄分布聚苯乙烯溶液、四氢呋喃。

四、操作方法和实验步骤

（1）调试运行仪器：选择匹配的色谱柱，在实验条件下测定校正曲线（一般是 40 ℃）。这一步一般由任课老师事先准备。

（2）配制试样溶液：使用纯化后的分析纯溶剂配制试样溶液，浓度为 3‰。使用分析纯溶剂，需经过分子筛过滤，配置好的溶液需静置一天。这一步一般由任课老师事先准备。

（3）用注射器吸取四氢呋喃，进行冲洗，重复几次。然后吸取 5 mL 试样溶液，排除注射器内的空气，将针尖擦干。

将六通阀扳到"准备"位置，将注射器插入进样口，调整软件及仪器到准备进样状态，将试样液缓缓注入，而后迅速将六通阀扳到"进样"位置。将注射器拔出，并用四氢呋喃清洗。

抽取试样时注意赶走内部的空气；试样在注射过程中严禁抽取或拔出注射器。在注入试样时，进样速度不宜过快。速度过快，可能导致定量环内靠近壁面的液体难以被赶出，而影响进样的量；稍慢可以使定量环内部的液体被完全平推出去。

（4）获取数据。

（5）实验完成后，用纯化后的分析纯溶剂清洗色谱柱。

五、实验数据记录和实验结果分析处理

实验参数如下：

色谱柱________。

内部温度________；外加热器温度________；流量________。

进样体积________ mL。

GPC 仪都配有数据处理系统，同时给出 GPC 谱图(如图 4-6 所示)和各种平均相对分子质量和多分散系数。

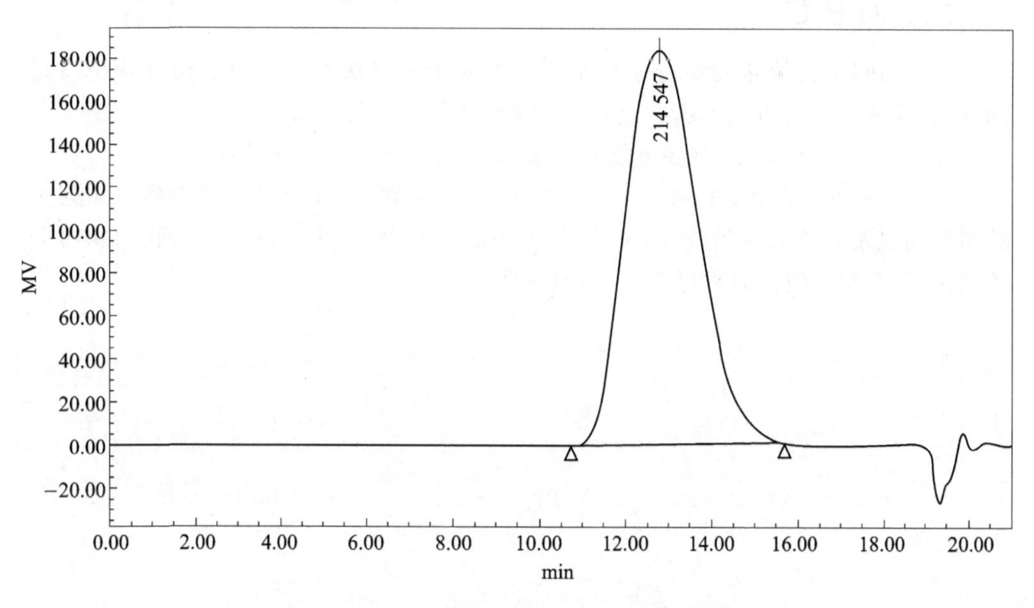

图 4-6　GPC 仪器给出宽分布未知样色谱图

以切片面积对淋出体积(时间)作图得到样品淋出体积与浓度的关系，以切片相对分子质量对淋出体积(时间)作图得到淋出体积与相对分子质量的关系。记 i 为切片数，A_i 为切片面积，则第 i 级分的质量分率 w_i 为

$$w_i = \frac{A_i}{\sum A_i}$$

第 i 级分的质量累计分数 I_i 为

$$I_i = \frac{1}{2} w_i + \sum_{i=1}^{i-1} w_i$$

数均相对分子质量 $\overline{M}_n$ 为

$$\overline{M}_n = \frac{1}{\sum_i \frac{w_i}{M_i}}$$

重均相对分子质量 $\overline{M}_w$ 为

$$\overline{M}_w = \sum_i w_i M_i$$

分散度 d 为

$$d=\frac{\overline{M}_w}{\overline{M}_n}$$

以 I_i 对 M_i 作图，得到积分相对分子质量分布曲线；以 w_i 对 M_i 作图，得到微分相对分子质量分布曲线。

六、问答题

(1) GPC 方法测定相对分子质量为什么属于间接法？总结测定相对分子质量的方法，哪些是绝对方法？哪些是间接方法？其优缺点是什么？

(2) 列出实验测定时某些可能的误差，其对相对分子质量的影响如何？

(3) 对某种聚合物，其 M－H 方程中 K 和 α 未知，但在通过分级得到一系列窄分布样品以及其相对应的[η]的条件下，可否通过 GPC 方法求得该聚合物的相对分子质量及 K 和 α 值？如果可以，应该如何进行？

V 聚合物加工工程实验

实验一 软/硬质聚氯乙烯的成型及撕裂强度测试

一、实验目的

(1) 掌握软/硬质聚氯乙烯的混合、塑炼方法及压制成型方法。

(2) 了解 PVC 的相关添加剂类型，PVC 原料的品种和加工特性，学会设计常用 PVC 塑料制品配方。

(3) 正确掌握双辊塑炼机的操作方法，了解该设备的基本结构，学会使用高速混合器、液压机等设备。

(4) 压制成型板材或薄膜的厚度应均匀一致，测试 SPVC 的撕裂强度。

(5) 分析配方和混合塑炼条件对产品性能的影响。

二、实验原理

软质聚氯乙烯(SPVC)的混合与塑炼是一种制备 SPVC 半成品的方法，将 PVC 树脂与各种助剂根据产品性能要求混合后，经过混合塑化，便可得到一定厚度的薄片，用于切粒或给压延机供料，在实验室中，也可通过测定软片的性能，分析配方和研究混合塑炼条件对产品性能的影响。

配方的设计、混合及塑炼的基本原理如下：

1. 配方的设计

配方的设计是树脂成型过程的重要步骤，对于聚氯乙烯尤其重要。为了提高聚氯乙烯的成型性能，材料的稳定性，获得良好的制品性能，并降低成本，必须在聚氯乙烯中配以各种助剂。在聚氯乙烯的配方中各组分的作用是相互关联的，不能孤立地选配，在选择组分时，应全面考虑各方面的因素，按照不同制品的性能要求、原材料来源、价格以及成型工艺进行设计。

聚氯乙烯塑料配方通常含有以下组分。

① 树脂：树脂的性能应满足各种加工成型和最终制品的性能要求，用于软质聚氯乙烯塑料的树脂其绝对粘度通常为 1.8～2.0 mPa·s 的悬浮疏松型树脂。

② 稳定剂：稳定剂的加入可防止聚氯乙烯树脂在高温加工过程中发生降解而使性能变坏，聚氯乙烯配方中所用稳定剂通常按化学组分分成四类：铅盐类、金属皂

类、有机锡类和环氧脂类。

③ 润滑剂：润滑剂的主要作用是防止粘附金属，延迟聚氯乙烯的凝胶作用，降低熔体粘度，润滑剂可按其作用分为外润滑剂和内润滑剂两大类。

④ 填充剂：在聚氯乙烯塑料中加入填充剂，可大大降低产品成本，改进制品的某些性能，常用的填充剂有碳酸钙等。

⑤ 增塑剂：可增加树脂的可塑性、流动性，使制品具有柔软性。SPVC 中增塑剂约为 40%～70%(质量分数)。常用的增塑剂有邻苯二甲酸酯、己二酸、癸酸酯类及磷酸酯类。

此外，还可根据制品需要加入颜料、阻燃剂及发泡剂等。

2. 混　合

混合是使多相不均态的各组分转变为多相均态的混合料，常用的混合设备有 Z 型捏合机和高速混合器。

高速混合器是密闭的高强力、非熔融的立式混合设备，由圆筒形混合室和设在混合室底部的高速转动的叶轮组成。在固定的圆筒形容器内，由于搅拌桨的高速旋转而促使物料混合均匀，除了使物料混合均匀外，还有可能使塑料预塑化。在圆筒形混合室内，设有挡板，由于挡板的作用使物料呈流线状，有利于物料的分散均匀，在混合时，物料沿容器壁急剧散开，造成旋涡状运动，由于粒子的相互碰撞和摩擦，导致物料升温，水分逃逸，增塑剂被吸收，物料与各组分助剂分散均匀。为提高生产效率，混合过程一般需要加热，并按需要顺序加料。

SPVC 配方中加有大量的增塑剂，为保证混合料在捏合中分散均匀，必须考虑以下因素：

① PVC 与增塑剂的相互作用。树脂在增塑剂中发生体积膨胀(称之为"溶胀")，当树脂体积膨胀到分子间相对活动足够小时，树脂大分子和增塑剂小分子相互扩散，从而逐步溶解。影响溶胀完善、分散均匀的主要因素有混合温度、PVC 树脂的结构以及所用增塑剂与树脂的相容性。

② 多种组分的加料顺序。为了保证混合料分散均匀，还必须注意加料顺序，应先将增塑剂和 PVC 树脂混合使溶胀完善，再将填充剂混入，以免增塑剂先掺入填充剂颗粒中。

此外，混合时间以及搅拌桨形式均会影响混合料的均匀性。

3. 塑　炼

塑炼的目的是使物料在剪切作用下热熔，剪切混合达到期望的柔软度和可塑性，使各组分分散更趋均匀，并可驱逐物料中的挥发物。塑炼的主要控制因素是塑炼温度、时间和剪切力。塑炼常用设备为双辊塑炼机，在生产中也可通过密炼或挤出机完成塑化过程。

聚氯乙烯硬板(HPVC、RPVC)的制作与 SPVC 基本一致。

其不同的是，树脂的绝对粘度有点差异，用于硬板的 PVC 树脂绝对粘度为 1.5～1.8 mPa·s。为改善聚氯乙烯树脂作为硬质塑料应用所存在的加工性、热稳定性、耐热性和冲击性差的缺点，常常需要加入各种改性剂，改性剂主要有以下几种。

① 冲击性能改性剂：用以改进聚氯乙烯的抗冲击性及低温脆性等，常用的有氯化聚乙烯(CPE)，乙烯-醋酸乙烯共聚物(EVA)，丙烯酸酯类共聚物(ACR)、丙烯腈-丁二烯-苯乙烯共聚物(ABS)及甲基丙烯酸甲酯-丁二烯-苯乙烯接枝共聚物等。

② 加工改性剂：只改进材料的加工性能而不会明显降低或损害其他物埋性能的物质，常用的加工改性剂如丙烯酸酯类、α-甲基苯乙烯低聚物、丙烯酸酯和苯乙烯共聚物。

另外，HPVC 制品，一般不加或少加(5%以下)增塑剂，以避免其对某些性能(如耐热性和耐腐蚀性)的影响。

此外，还可根据制品需要加入颜料，阻燃剂及发泡剂等。

4. 压　制

压制法生产聚氯乙烯硬板，是将聚氯乙烯树脂及各种助剂经过混合、塑化、压成薄片，在压机中经加热、加压，并在压力下冷却成型而制得的。用压制生产的硬板光洁度高，表面平整，厚度和规格可以根据需要选择和制备，是生产大型聚氯乙烯板材的一种常用方法。

压制是在一定温度、时间和压力下，将叠合的聚氯乙烯薄片加热到粘流温度，并施加压力，加压一定时间后，在压力作用下进行冷却的过程。压制过程的影响因素有压制温度、压力和压制时间等。

三、实验仪器及原材料

1. 软质聚氯乙烯(SPVC)混合料所用原料

稳定剂有三盐基硫酸铅、二盐基亚磷酸铅、硬脂酸盐类；润滑剂有石蜡、硬脂酸酯等；增塑剂有邻苯二甲酸二辛酯(DOP)、邻苯二甲酸二丁酯(DBP)等。

2. 增塑所用的设备

B160 mm×320 mm 双辊炼胶机，它是由机座、辊筒、辊筒轴承、紧急刹车、调距装置及辅助设施等组成的。

加热方式为电加热，辊筒速比为 1∶1.35，辊距可调。

3. 聚氯乙烯成型所用仪器

高速混合器 BJ－10 型，容积 10 L，转速 750～2 500 r/min，双辊炼胶机 B160 mm×320 mm，辊筒速比为 1∶1.35，加热方式为电加热。

压机：250 kN 平板硫化机，最大关闭压力 250 kN，工作液最大压力 15 MPa，柱塞最大行程 150 mm，平板面积 350 mm×350 mm。

450 kN 液压机。

4. 制备聚氯乙烯硬板(HPVC)拟采用以下原料

聚氯乙烯树脂(SG－4 或 SG－5 型树脂)、三盐基硫酸铅、二盐基亚磷酸铅、硬脂酸铅、硬脂酸钡、硬脂酸、石蜡、碳酸钙(或其他填料)、二氧化钛。

四、实验内容

1. 软质聚氯乙烯

(1) 配　料

按照性能要求设计的配方称量树脂及各种助剂，要求配料总量 250 g 左右。

(2) 混　合

① 准备。将混合器清扫干净后关闭釜盖和出料阀，在出料口接上接料用塑料袋。

② 调速。开机空转，在转动时将转速调至 1 500 r/min。

③ 加料及混合。将已称量好的聚氯乙烯树脂及辅料倒入混合器中，盖上釜盖，将时间继电器调至 8 min，按启动按扭。

④ 出料。到达所要求的混合时间后，电机停止转动，打开出料阀，点动按钮出料。

⑤ 清理。待大部分物料排出后，静止 5min，打开釜盖，将混合器内的余料全部扫入袋内。

(3) 塑　炼

① 准备。将双辊塑炼机开机空转，测试紧急刹车装置，经检查无异常现象即可开始实验。

② 升温。打开升温系统，将前后两辊加热，用弓形表面温度计测量辊筒温度，使辊筒温度稳定在 165 ℃。

③ 塑炼。将辊距调至 0.5～1 mm 范围内，将混合料投入两辊缝隙中使其包辊，经过 5 min 的翻炼，将辊距调至压片厚度为 1 mm 左右即可出片。

塑炼得到的软片要求平整，厚度为 0.15～0.35 mm，并且厚薄均匀，供测试撕裂强度用。

(4) 撕裂强度测试(《GB/T 529—2008》)

① 术语和定义。

裤形撕裂强度：用平行于切口平面方向的外力作用于规定的裤形试样上，将试样撕裂所需的力除以试样厚度。

② 实验原理。

用拉力实验机，对有割口或无割口的试样在规定的速度下进行连续拉伸，直至试样撕裂。将测定的力值按规定的计算方法求出撕裂强度。

不同类型的试样测得的实验结果之间没有可比性。

裤形裁刀试样尺寸如图 5 - 1 所示。

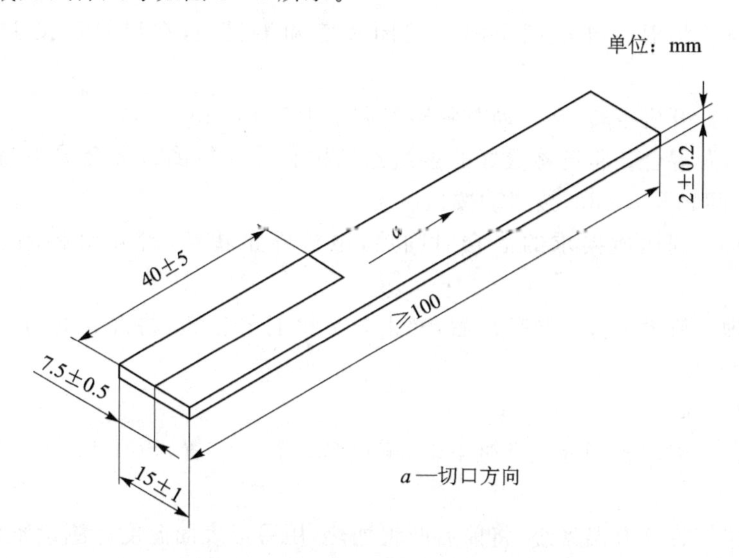

图 5 - 1　裤形撕裂强度试样尺寸规格

裤形试样按照图 5 - 2 所示夹入夹持器。

(5) 实验步骤

① 试样厚度的测定。试样厚度的测量应在其撕裂区域内进行，厚度测量不少于 3 个点，取中位数。

② 撕裂强度测定。裤形试样的拉伸速度为(100±10) mm/min。对试样进行拉伸，直至试样断裂。应自动记录整个撕裂过程的力值，分析曲线峰的数量(峰数小于 5，考虑全部峰值确定中位数；峰数大于 5，考虑完整曲线中部 80％范围内的峰值确定中位数)，确定中位数，即为力值。

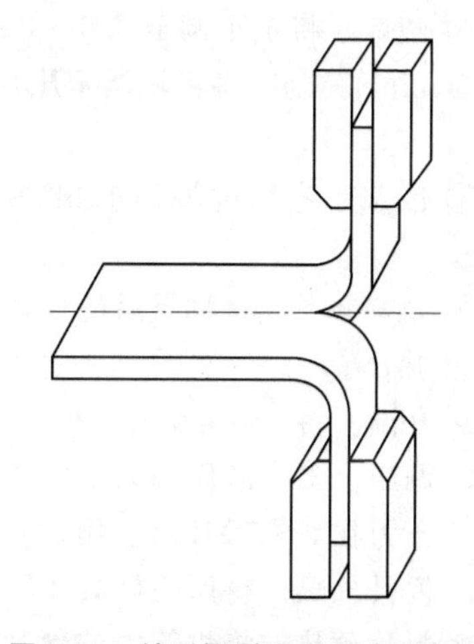

图 5 - 2　裤形撕裂强度测试示意图

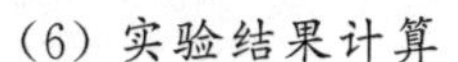

(6) 实验结果计算

$$T_S = \frac{F}{D}$$

式中：T_S 为撕裂强度，kN/m；F 为试样撕裂时所需的力，N；d 为试样厚度的中位数，mm。

2. 硬质聚氯乙烯

(1) 配　料

按照性能要求设计的配方称量树脂及各种助剂，要求配料总量 250 g 左右。

(2) 混　合

① 准备。将混合器清扫干净后关闭釜盖和出料阀，在出料口接上接料用塑料袋。

② 调速。开机空转，在转动时将转速调至 1 500 r/min。

③ 加料及混合。将已称量好的聚氯乙烯树脂及辅料倒入混合器中，盖上釜盖，将继电器时间调至 8 min，按启动按扭。

④ 出料。到达所要求的混合时间后，电机停止转动，打开出料阀，点动按扭出料。

⑤ 清理。待大部分物料排出后，静止 5 min，打开釜盖，将混合器内的余料全部扫入袋内。

(3) 塑　炼

① 准备。将双辊塑炼机开机空转，测试紧急刹车装置，检查无异常现象即可开始实验。

② 升温。打开升温系统，将前后两辊加热，用弓形表面温度计测量辊筒温度，使辊筒温度稳定在 165 ℃。

③ 塑炼。将辊距调至 0.5～1 mm 范围内，将混合料投入两辊缝隙中使其包辊，经过 5 min 的翻炼，将辊距调至压片厚度为 1 mm 左右即可出片。

(4) 压　制

① 准备。将经过塑炼的聚氯乙烯薄片按模框大小剪成多层片材，称质量为 195 g。

② 烘箱预热：将称量后的样片在 100～120 ℃的烘箱内预热 10 min。

③ 热压。

- 升温。将 250 kN 的平板硫化机加热，控制上下板温度为(170±1) ℃。
- 调压。工作液压的大小可通过调节压力调节阀进行调节，要求压力表指出的压力在 3～5 MPa(表压)的范围之内。
- 模具预热。将所用模具在压制温度预热 10 min。
- 料片预热。将烘箱中的料片取出置于模具框内，将模具置入主平板中央，在压机上预热 10 min。
- 加压。开动压机加压，使压力表指针指示到所需工作压力，经 2～7 次卸压放气后，在工作压力下压制 10 min。

④ 冷压：迅速去掉平板间的压力，将模具取出，放在 450 kN 压机上，在油压为 10 MPa 条件下冷压。

⑤ 出模。卸掉压机压力，取出模具再用铜片打开模具，取出制品。

⑥ 制样及测试维卡软化点。

将聚氯乙烯硬板放在制样机上，切割成 20 mm×20 mm 的小方块，供测定维卡软化点用。

五、注意事项

(1) 配料时称量必须准确。

(2) 高速混合器必须在转动状态下调整。

(3) 两辊及压机温度必须严格控制。

(4) 两辊的操作必须严格按操作规程进行,防止硬物落入辊间。

(5) 压机和两辊的升温均需要一定的时间,应注意穿插进行。

(6) 取试样时,注意不要划伤模具。

六、思考题

(1) 分析聚氯乙烯树脂相对分子质量大小与产品性能及加工性能的关系。

(2) 分析配方中各个组分的作用。

(3) 如果在配方中加入5%~10%氯化聚乙烯(CPVC),将会对硬聚氯乙烯的性能有什么影响?

(4) 比较聚氯乙烯板的压制与酚醛树脂等热固性塑料的压制成型的不同点。

(5) 观察所压制硬板的表观质量,分析出现塌陷、气泡、开裂等现象的原因。

实验二　热塑性塑料的注塑成型和性能测试实验

一、实验目的

(1) 了解移动螺杆式注塑机的结构、性能、操作规程,程序控制式注塑机在注射成型时工艺的设定、调整方法和有关注意事项。

(2) 掌握注塑机的基本操作技能。

(3) 熟悉注射成型标准试样的模具结构、成型条件和对制件的外观要求。

(4) 掌握ABS的注塑成型工艺条件。

(5) 掌握注射条件对标准试样的收缩、气泡等缺陷的影响。

二、实验原理

1. 注塑成型过程

ABS是热塑性塑料,热塑性塑料具有受热软化和在外力作用下流动的特点,当冷却后又能转变为固态,而塑料的原有性能不发生本质变化,注塑成型正是利用了热塑性塑料的这一特性。注塑成型是制作热塑性塑料成型制品的一种重要方法,塑料在注塑机料筒中经外部加热及螺杆对物料和物料之间的摩擦使塑料熔化呈流动状态后,在螺杆的高压作用下,塑料熔体通过喷嘴注入温度较低的封闭模具型腔中,经冷却定型成为所需制品。

采用注塑成型，可以成型各种不同塑料，得到质量、尺寸、形状不同的各种各样的塑料制品。本实验是通过注射机生产ABS板材样品的过程，应对注塑成型有初步的了解、掌握塑料注塑成型的工艺条件，并测试试样的性能如拉伸、冲击和硬度等。注塑成型的工艺过程按先后顺序包括成型前的准备、注塑过程、制品的后处理等。注塑前的准备工作主要有原料的检验、计量、着色、料筒的清洗等。注塑过程主要包括各种工艺条件的确定和调整，塑料熔体的充模和冷却过程。注塑成型工艺条件包括注塑成型温度、注射压力、注射速度和与之有关的时间等。这些条件的设置会直接影响塑料熔体的流动行为，塑料的塑化状态和分解行为，会影响塑料制品的外观和性能。

工艺条件及其对成型的影响因素主要有以下几点。

(1) 温　度

注塑成型要控制的温度有料筒温度、喷嘴温度和模具温度。前两种温度主要影响塑料的塑化性能和流动性能，而后一种温度主要影响塑料熔体在模腔的流动和冷却。注塑机的料筒由3个温度控制仪表分段对料筒加以控制。料筒温度的调节应保证塑料熔化良好，能够顺利地进行充模而不引起塑料熔体的分解。料筒温度的配置，一般靠近料斗一端的温度偏低(便于螺杆加料输送)，从后端到喷嘴方向温度逐渐升高，使物料在料筒中逐渐熔融塑化。料筒前端喷嘴处的温度要单独控制，防止塑料熔体的流涎，因为估计到塑料熔体在注射时会快速通过喷嘴，有一定的摩擦热产生，所以，喷嘴的温度要稍低于料筒的最高温度。

(2) 压　力

注射过程中的压力包括塑化压力和注射压力，它们直接影响塑料的塑化和制品的质量。

① 塑化压力(背压)。

螺杆式注塑机在塑化物料时，螺杆顶部熔料在螺杆转动后退时所受到的压力称为塑化压力，亦称背压。由于塑化压力的存在，螺杆在塑化过程，后退的速度降低，物料需要较长的时间才能到螺杆的头部，物料的塑化质量得到提高，尤其是带色母粒的物料颜色的分布更加均匀，由于塑化压力的存在，迫使物料中的微量水分从螺杆的根部溢出，使制件减少了银纹和气泡。

② 注射压力。

注塑机的注射压力是以螺杆顶部对塑料熔体施加的压力为准的。注射压力在注塑成型中所起的作用是克服塑料熔体从料筒向模具型腔流动的阻力，保证熔料充模的速率并将熔料压实。在注塑过程中，注射压力与塑料熔体温度实际上是互相制约的，而且与模具温度有密切关系。料温高时，注射压力减小；反之，所需注射压力加大。

2. 性能测试

通过对注塑成型得到的样品进行性能测试，反馈其注塑过程中的问题，同时对产品进行必要的性能表征。

(1) 拉伸实验是在规定的实验温度、实验湿度和速度条件下，对标准试样沿纵轴方向施加静态拉伸负荷，直至试样被拉断为止。在拉伸载荷下复合材料层压板试样中的纤维并不一定都承受载荷，因此所测试的力学性能和破坏形成与单面纤维复合材料不同。按图 5-3 所示制备试样。拉伸试样尺寸如表 5-1 所列。

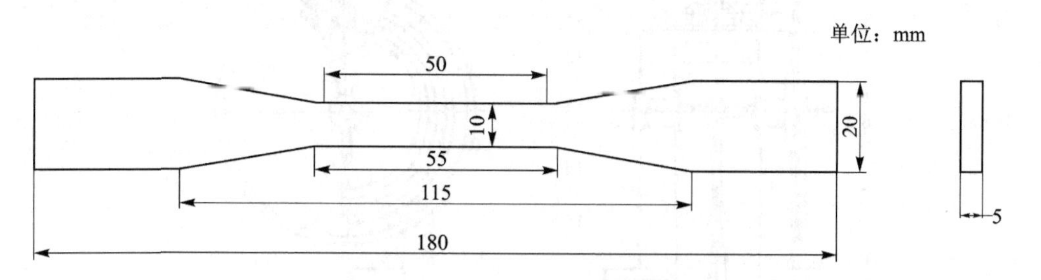

图 5-3　拉伸试样的示意图

表 5-1　拉伸试样尺寸

尺寸符号	尺寸/mm
总长(最小)F	180
端头宽度 C	20±0.5
厚度 h	5～6
中间平行段长度 B	55±0.5
中间平行段宽度 b	10±0.2
标距(或工作段)长度 L_0	50±0.5
夹具间距离 E	115±5

制备好试样后在万能拉力机上进行拉伸实验测试，计算产品的拉伸强度、模量、断裂伸长率等性能。

(2) 冲击实验是将试样安放在简支梁冲击机的规定位置上，然后利用摆锤自由落下，对试样施加冲击弯曲负荷，使试样破裂。用试样单位截面积所消耗的冲击功来评价材料的耐冲击韧性。如图 5-4 所示为摆锤式简支梁冲击实验机的工作原理。

试样分为 2 种：一种是没有缺口的样品，另一种是有缺口的样品。

试样如图 5-5 所示。

根据冲击强度计算公式计算产品的抗冲击强度，衡量材料的韧性。

计算公式如下：

对于无缺口试样，其简支梁冲击强度 σ_n（单位：kJ/m^2）为

$$\sigma_n = \frac{E}{a \cdot b} \times 10^3$$

式中：E 为试样吸收的冲击能，J；a 为试样的厚度，mm；b 为试样的宽度，mm。

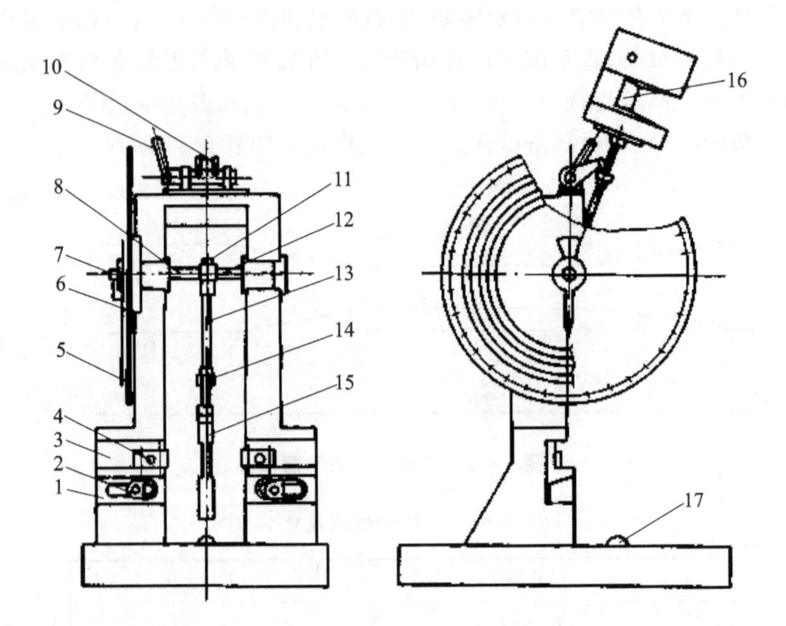

1—固定支座；2—紧固螺钉；3—活动试样支座；4—支承刀刃；5—被动指针；6—主动指针；7—螺母；8—摆轴；9—搬动手柄；10—挂钩；11—紧固螺钉；12—连接套；13—摆杆；14—调整套；15—摆体；16—冲击刀刃；17—水准泡

图 5-4 摆锤式简支梁冲击实验机原理示意图

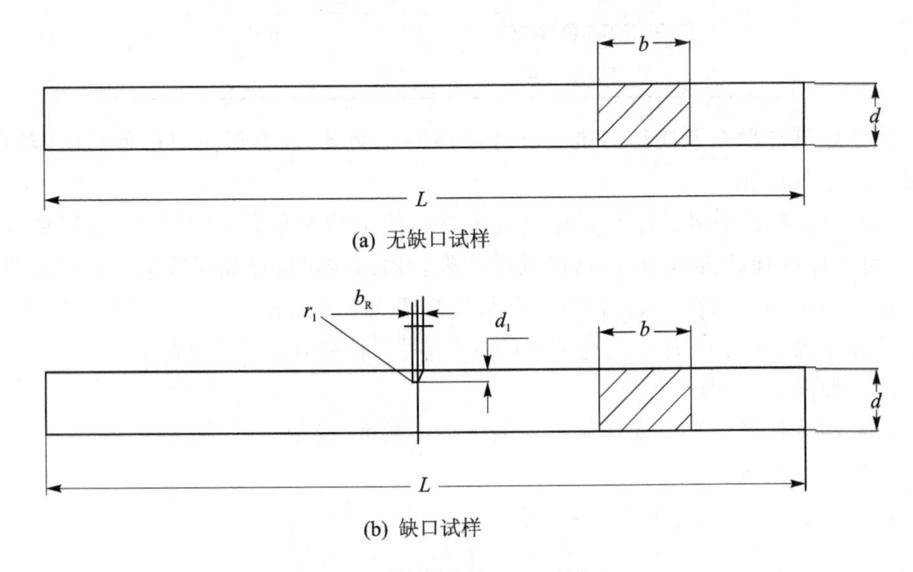

图 5-5 简支梁冲击试样形状

对于有缺口试样简支梁冲击强度 σ_k(单位:kJ/m^2)为

$$\sigma_k = \frac{E}{a_k \cdot b} \times 10^3$$

式中:E 为缺口试样吸收的冲击能,J;a_k 为试样缺口处剩余厚度,mm;b 为试样的宽度,mm。

(3) 洛氏硬度测试是指用一定直径的球压头,在初实验力和总实验力先后作用下,压入试件,在受力作用后,保持一定时间。卸除总实验力,保持主实验力的压入深度,用其和初实验力作用下的压入深度之差来表示压痕深度的永久增量,每压入 0.002 mm 为一个塑料洛式硬度。钢球直径和负荷大小应根据试样预期硬度值和厚度按表 5-2 进行选择。

表 5-2　洛氏硬度对照表

标　尺	球压头/mm	初实验力/N	总实验力/N
HRE	3.175	98.07	980.7
HRL	6.35		588.4
HRM	6.35		980.7
HRR	13.7		588.4

三、实验仪器及原材料

原材料:ABS 塑料。

仪器:注塑机、万能拉力机、简支梁冲击机、洛氏硬度仪。

四、实验内容

1. 注塑机

(1) 预　热

① 合上机器上的总电源开关,检查机器有无异常现象。

② 根据使用原料的要求来调整料筒各段的加热温度,设定第一段为 180~200 ℃,第二段为 210~230 ℃,第三段为 190~200 ℃;喷嘴温度为 180~190 ℃;模具温度为 50~70 ℃;打开电热开关,预热时间应为 30~45 min。

(2) 设定压力

其工艺条件如表 5-3 所列。

表 5-3　工艺条件

射出 1 段压力/MPa	射出速率/($g \cdot min^{-1}$)	保压时间/s	保压 1 段压力/MPa	保压 2 段压力/MPa	保压 1 段速率/($g \cdot min^{-1}$)	保压 2 段速率/($g \cdot min^{-1}$)
70~90	40	2.5	50	50	35	25

(3) 开机操作

① 启动油泵电机,手动测试开关模、托模进退、座台进退等功能是否正常。

② 检查各限位开关的定位是否适合,必要时可稍作调整。

③ 经过充分预热后,检查各加热段的温度是否已达到了设定值。

④ 按座台退开关,使注射座退到停止位置上,然后按射出开关,检查射出来的胶料的熔合情况。

⑤ 按座台进开关,使注射座进到停止位置上,使喷嘴紧顶模具的浇口上,按半自动开关,机器开始半自动运行。

⑥ 定期检查制品质量情况,必要时可调整有关动作的压力、流量和时间等相关参数。

(4) 停　机

换到手动状态,关闭电热开关。整理好成品,搞好清洁卫生。

2. 万能拉力机

(1) 将接好电源的实验机进行操作,打开电源开关。

(2) 进行参数输入和设定。测量样品厚度和宽度,设定拉伸速率为 10 mm/min。

(3) 装上已准备好的夹具,将试样夹在夹具上。

(4) 调整“调零旋钮”使力值为零。

(5) 启动仪器。

(6) 记录结果。

(7) 关闭仪器、清扫卫生。

3. 简支梁冲击机

(1) 测量试样尺寸,每个试样的宽度、厚度尺寸各测量三点,取其算术平均值,每三个试样为一组。

(2) 根据试样的抗冲击韧性,选用适当的能量摆锤,所选的摆捶应使试样断裂所消耗的能量在摆锤总储量的 10%～80%。

(3) 安装冲击摆杆并调整好指针。

(4) 空击实验。托起冲击摆,使其固定在 160°扬角位置,调整被动指针与主动指针重合,搬动手柄,让冲击摆自由落下,此时,被动指针应拨到“零”位置,若超过误差范围,则应调整机件间的摩擦力,一直到指针示值在误差范围之内。

(5) 放置试样。试样应放置在两活动支座的上平面上,其测面与支承刀刃靠紧,测试带有缺口的试样,把冲锤放下,让冲击刀刃对正缺口背面,再把冲锤回复到扬角位置挂住。

(6) 冲击实验,记录能量损失值。清扫卫生。

4. 洛氏硬度仪

(1) 接通电源,打开运行开关,指示照明灯亮。

(2) 根据被测试样的软硬程度选择标尺,顺时针转动变荷手柄,确定总实验力,应尽可能使塑料洛氏硬度值处于 50～115,少数材料不能处于此范围的不得超过 125,当一种材料用两种标尺进行测试时,若所得的值处于极限值,则应选用较小值的标尺,同种材料应选同一标尺。

(3) 将被测试件置于实验台上,顺时针转动旋钮,升降螺杆上升应使试件缓慢无冲击地与压头接触,直至硬度小指针从黑点移到红点,与此同时,长指针转过 3 圈垂直指向"30"处。此时,已施加了 90.8 N 初实验力,长指针偏移不得超过 5 个分度值,若超过此范围,则不得侧挂,应改换测试点位置重做。

(4) 转动硬度计表盘,使指针对准"30"处,按启动按钮。

(5) 由电机运转,自动加主实验力,指示照明灯熄灭。

(6) 当蜂鸣器声响,立即读长指针所指向的数值,塑料洛氏硬度示值的读取应分别记录加主实验力后长指针通过"0"点的次数及卸除主实验力后长指针通过"0"点的次数并相减,并按标准方法读取硬度示值。

(7) 反向旋转升降螺杆手柄,使实验台下降,更换测试点,重复上述操作,在每个试件上的测试点应不少于 5 个点。

5. 实验记录

(1) 注塑机模制制品的条件:①料筒(或熔体温度),②注射压力。

(2) 万能拉力机测试的断裂强度、断裂伸长率、最大力、模量。

(3) 简支梁冲击机测试的冲击强度。

(4) 洛式硬度计测试的硬度。

(5) 分别求模量、断裂强度、冲击强度和硬度的标准偏差。

标准偏差 S,由下式求得:

$$S=\sqrt{\frac{\sum(X-\overline{X})^2}{n-1}}$$

式中:X 为单位测定值;$\overline{X}$ 为组测定值的算术平均值;n 为测定值个数。

五、思考题

(1) 注塑成型工艺条件如何确定?

(2) 制品形态与制品性能之间有何关系?

(3) 注塑成型制品常见缺陷如何解决?

(4) 出现不同性能结果的原因。

实验三　LDPE 再生料的挤出造粒

一、实验目的

(1) 了解热塑性塑料品种和特性、挤出工艺过程及造粒加工过程。

(2) 掌握热塑性塑料挤出及造粒加工设备的操作规程。

(3) 掌握 LDPE 挤出工艺条件及挤出过程。

二、实验原理

1. 挤出成型工艺原理

挤出成型是热塑性塑料成型加工的重要成型方法之一，热塑性塑料的挤出加工是在挤出机(挤塑机)作用下完成的加工过程。在挤出过程中，物料通过料斗进入挤出机的料筒中，挤出机的螺杆以固定的转速拖曳料筒内物料向前输送。通常根据物料在料筒内的变化情况，将整个挤出过程分成 3 个阶段：加料段(固体段)、压缩段(熔融段)、均化段(熔体段)。

(1) 料筒加料段，在旋转的螺杆作用下，物料通过料筒内壁和螺杆表面的摩擦作用向前输送和压实，物料在加料段是呈固体状态向前输送的。

(2) 物料进入压缩段后，由于螺杆螺槽逐渐变浅，以及靠近机头段滤网、分流板和机头的阻力而使所受的压力逐渐升高，进一步被压实；同时，在料筒外加热，以及螺杆、料筒对物料的混合、剪切作用而产生的内摩擦热的作用下，塑料逐渐升温至粘流温度，并开始熔融，大约在压缩段处全部物料熔融为粘流态并形成很高的压力。

(3) 物料进入均化段后将进一步塑化和均化，最后螺杆将物料定量、定压地挤入机头体。机头中的口模是成型部件，物料通过它便可获得一定截面的几何形状和尺寸，再通过冷却定型、切断等工序得到成型制品。

2. 热塑性高分子材料造粒概述

合成树脂一般为粉末状，粒径较小、松散、易飞扬。为了便于成型加工，需将树脂与各种助剂混合塑炼成颗粒状，这个工序称之为造粒。造粒的目的在于进一步使配方均匀，排除树脂颗粒间及颗粒内的空气，使物料被压实到接近成品的密度，使物料更易塑化。

一般造粒后的物料较整齐，且具有固定的形状、颗粒料是塑料成型加工的主要原料形态，采用粒料成型有如下优点：加料方便，不需强制加料器；颗粒的密度比粉料大，制品的质量较好；空气及挥发物含量较少，制品不易产生气泡。对于大多数单螺杆挤出机生产挤出塑料制品造粒工序一般是必须的，而双螺杆挤出机可直接使用捏合好的粉料生产。

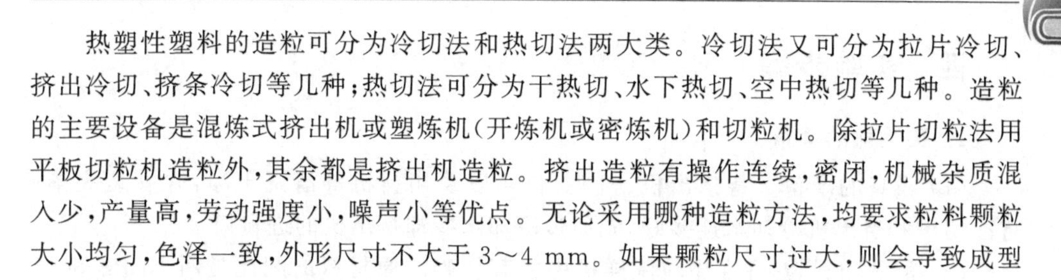

热塑性塑料的造粒可分为冷切法和热切法两大类。冷切法又可分为拉片冷切、挤出冷切、挤条冷切等几种；热切法可分为干热切、水下热切、空中热切等几种。造粒的主要设备是混炼式挤出机或塑炼机(开炼机或密炼机)和切粒机。除拉片切粒法用平板切粒机造粒外，其余都是挤出机造粒。挤出造粒有操作连续，密闭，机械杂质混入少，产量高，劳动强度小，噪声小等优点。无论采用哪种造粒方法，均要求粒料颗粒大小均匀，色泽一致，外形尺寸不大于 3～4 mm。如果颗粒尺寸过大，则会导致成型时加料困难，熔融塑化也慢，造粒后物料形状以球形或药片形较好。

3. 实验的主要工作

挤条冷切是热塑性塑料最常采用的造粒方法，设备和方法都较简单，即混合料经挤出机塑化成圆条状挤出。圆条经风冷或水冷后，通过切粒机切成颗粒。本实验采用 LDPE，利用双螺杆挤出机，采用挤出成型工艺挤出圆条状制品，再利用切粒机冷切成圆柱形颗粒。

三、实验仪器与原料

1. 实验仪器

双螺杆挤出机(单螺杆挤出机)、切粒机、高速混合机、冷切水槽。

双螺杆挤出机如图 5－6 所示。

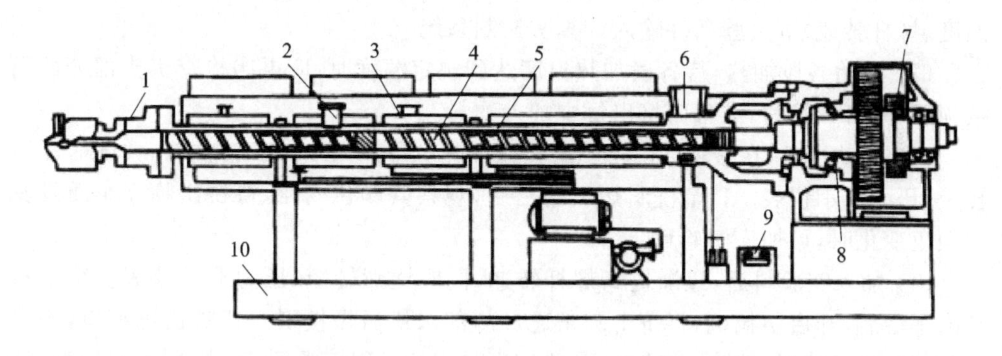

1—机头；2—排气口；3—加热冷却系统；4—螺杆；5—机筒；
6—加料口；7—减速箱；8—止推轴承；9—润滑系统；10—机架

图 5－6　双螺杆挤出机示意图

2. 实验原料

实验的主要原料是低密度聚乙烯原料，以及废旧塑料袋。

四、实验步骤

1. 实验前的准备

(1) 设备的准备。将挤出机、机头、料斗以及切料机等清洗干净,并安装完毕。将冷切槽和挤出机冷却水连接好,先通过冷却水冷却挤出机的进料口。

(2) 清洗塑料袋,并在微粒制样机中将其切碎。原材料的配比是新 LDPE 80%(质量分数),回收料 20%,称量后,在高速混合机中对物料进行混合,挤出造粒需要对原料进行干燥处理(烘箱中 80 ℃,干燥 30 min)。

2. 挤出工艺参数的确定

(1) 挤出机的加热温度。挤出机的操作温度按 5 段进行,机身部分分为 3 段,机头部分分为 2 段。机身段为 160～170 ℃,压缩段为 170～180 ℃,计量段为 180～190 ℃;机头的机颈和口模均为 190～200 ℃。

(2) 螺杆转速为 0～40 r/min,一般先在较低转速下进行至稳定,待有熔融的物料从机头挤出后,再继续提高转速。

(3) 切粒机转速为 0～20 r/min,视挤出圆条的速度进行调整。

3. 测试操作

(1) 启动挤出机控制系统的计算机及动力系统,按照输入程序把相关参数(加热温度、螺杆转速)等实验条件输入计算机控制系统。

(2) 开始各段加热,待各段加热温度达到规定温度时,应再次检查机头部分的衔接锁环,并将其拧紧,准备向挤出机中加入物料。

(3) 开动主机,在慢速(10 r/min)转速下先少量加入 LDPE 清洗料,并随时注意转矩、压力显示仪表。待清洗料熔料挤出后,观察其颜色变化,待挤出物无杂质及其他颜色变化时,可加入实验料。

(4) 加入实验料后,逐渐提高螺杆转速,同时注意转矩、压力显示仪表。待熔料挤出平稳后,开启切粒机,将挤出圆条通过冷却水槽后慢慢引入切粒机进料口,慢慢调节切粒机转速以与挤出速率匹配,待挤出与切粒过程正常后,正式开始记录对应的转矩值、压力表等工艺参数。

(5) 依次改变螺杆转速:10 r/min、15 r/min、20 r/min、25 r/min、30 r/min。在每个转速下,挤出稳定时,截取 3 min 的挤出物造粒颗粒,分别称量,同时记录其对应的转矩数、压力值。

(6) 实验完毕,关闭各测量记录系统及切粒机。逐渐减速停车,趁热立即清理机头、挤出料筒内残留的 LDPE 料。

五、实验记录

1. 实验原料及配比

按要求将数据记录在表 5 - 4 中。

表 5 - 4　原料、厂家及其配比一览表

名　称	型　号	生产厂家	用量(质量分数/%)

2. 实验条件

记录实验条件包括：仪器设备型号、生产厂家，螺杆长径比，挤出机加热温度，螺杆转速，平稳挤出时的转矩及压力，平稳挤出时的切粒机转速。

3. 测试结果

(1) 根据测量数值，分别绘制螺杆转速-挤出量、机头压力-挤出量对应曲线。

(2) 对挤出造粒的颗粒进行性能和外观分析。

六、思考题

(1) 挤出机的主要结构由哪几部分组成？

(2) 分析工艺条件对制品质量及生产效率的影响。

实验四　天然橡胶(NR)的混炼、模压和硫化

一、实验目的

(1) 了解天然橡胶的结构、配合剂的品种以及天然橡胶的硫化特性。

(2) 掌握天然橡胶的配方设计原则，在确定的配方下，改变促进剂品种和用量，并进行小配合实验。

(3) 比较常用促进剂 M、NOBS、D、TMTD 的硫化特性及其对硫化胶性能的影响。

(4) 掌握硫化仪法和拉伸强度法确定胶料正硫化时间的方法。

二、实验原理

在橡胶的硫化体系中，促进剂具有举足轻重的作用，它可起到提高硫化速度、降

低硫化温度、减少硫磺用量、改善硫化胶物理力学性能的作用。但不同化学结构的促进剂，因作用机理不同，其硫化特性和硫化胶性能差别很大。

硫化是橡胶分子由线型结构转变为空间网状结构的化学过程。橡胶经硫化后，其物理力学性能得以全面提高。

硫化条件主要有时间、温度和压力。不同的硫化条件对橡胶制品的质量影响很大，因而确定硫化条件是一件重要的工作。

实验是在一定温度、压力条件下，确定硫化时间(正硫化时间)。确定正硫化时间的方法很多，常用的简便易行的方法有硫化仪法和物理力学性能测定法。

硫化仪是专用测试橡胶硫化特性的实验仪器，可在其绘制出的硫化时间-转矩曲线上直接得出正硫化时间。

物理力学性能测定法虽然没有硫化仪法简单省时，但也是一种较为常用的测定方法。通常采用在一定压力和温度下，于不同硫化时间测定胶料的拉伸强度或定伸应力及永久变形。实验采用拉伸强度法，选择拉伸强度达到最大值时所对应的最短时间为正硫化时间。

本实验就不同促进剂在天然橡胶配合中，以不同用量和不同硫化温度下的硫化胶性能作为对比，以反映出不同促进剂的硫化活性、硫化速度、平坦性能、硫化胶的交联程度及其对性能的影响；以及同一促进剂在不同硫化温度下对胶料硫化速度和硫化胶性能的影响。

三、实验仪器及原材料

仪器与设备：台秤、工业天平、ϕ160 mm×320 mm 开炼机、硫化仪、350 mm×350 mm 平板硫化机、硫化试片模具、冲片机、硬度计、厚度计、强力实验机、秒表。

原材料：天然橡胶、硫磺、氧化锌、硬脂酸、促进剂 M、NOBS、D、TMTD 等。

四、实验内容

1. 原料及其配比

实验所用的原材料、天然橡胶、配合剂及其实验配方如表 5-5 所列。

表 5-5　实验的实际配方

配方编号	1		2		3		4	
配方	配合量/份	实际用量/g	配合量/份	实际用量/g	配合量/份	实际用量/g	配合量/份	实际用量/g
NR	100.0	300.0	100.0	300.0	100.0	300.0	100.0	500.0
硫磺	3.00	9.00	3.00	9.00	3.00	9.00	3.00	15.00

续表 5-5

配方编号	1		2		3		4	
配方	配合量/份	实际用量/g	配合量/份	实际用量/g	配合量/份	实际用量/g	配合量/份	实际用量/g
氧化锌	5.00	15.00	5.00	15.00	5.00	15.00	5.00	25.00
硬脂酸	0.50	1.50	0.50	1.50	0.50	1.50	0.50	2.50
促进剂 M	1.00	3.00						
促进剂 NOBS			0.60	1.80				
促进剂 D					1.00	3.00		
促进剂 TMTD							0.60	3.00
合计	109.50	328.50	109.10	327.30	109.50	328.50	109.10	545.50

2. 原料的配合、混炼

(1) 配　料

配料操作前，根据表 5－5 配方中的原料名称、规格备料，认真核对标签，检查各原料的外观色泽有无差异，然后进行称量。称量时要根据配方中生胶和各种配合剂质量的大小选用不同精度的天平或台秤，使称量精确到 0.5%。并要注意清洁，防止混入其他杂质。配料完毕后，必须按配方进行核对，并进行质量抽检，以确保配合的精确、无误。

(2) 混　炼

将炼胶机的前后辊筒加热至规格温度，并待稳定后方可开始炼胶。在混炼全过程中也应注意温度的调节与测量，使之保持在规定的温度范围内。

混炼工艺条件如下：

➢ 辊温，前辊为 55～60 ℃，后辊为 50～55 ℃。

➢ 辊距，(1.4±0.2) mm(1、2、3 号配方)，(1.7±0.2) mm(4 号配方)。

加料顺序为：生胶包辊→硬脂酸→氧化锌、促进剂→硫磺→割刀 4 次，打三角包 1 个→下片。

混炼时，先将生胶于 0.5～1 mm 辊距下破碎。然后按规定调节辊距和挡板距离为 250～270 mm，使胶料包于前辊上，直至生胶表面平整光滑和积胶量很少时，即可按加料顺序加入配合剂进行混炼。在加配合剂的过程中不宜割刀。待配合剂吃净后，按规定次数割刀捣炼、打三角包。最后放厚下片，下片厚度为(2.4±0.2) mm。

在放厚下片前，胶料应进行称量，最大损耗应小于总质量的 0.3%；否则应予报废，重新进行配炼。

3. 硫　化

(1) 试片的准备

混炼结束后，下片胶料在 20～30 ℃下放置不少于 2 h 后，检查其厚度是否符合要求。当下片胶料厚度不符合规定要求时，应按混炼时的辊温进行返炼重新下片。厚度符合要求的下片胶料最好用裁片样板在胶料上按胶料的压延方向划好裁料线痕，然后用剪刀裁片。裁下的胶片用天平称量，其质量应与按胶料密度和稍大于模具容积的数值得出的计算质量相近，以避免硫化后缺胶。最后按压延方向在剪下的胶片边角处记有编号和硫化条件的标签，并摆放整齐。剩余的胶料应放回存放处以备核查。

(2) 试片的硫化

硫化前先检查胶片的编号及硫化条件，并将模具在规定的硫化温度下预热30 min。硫化时应将胶片置于模腔中央，合模后再将试片模具放入硫化平板中央，然后按表5-6的硫化温度和硫化时间进行硫化。试片的硫化时间是指自平板压力升至规定值时起至平板降压时止的一段时间范围。在硫化过程中，操作要迅速一致，硫化时间要准确，并随时注意平板温度(或蒸汽压力)的变化与调节。

试片硫化工艺条件：硫化压力为2.0～2.5 MPa。

硫化温度和时间如表5-6所列。

表5-6　硫化温度和时间

配方编号	1	2	3	4	
硫化温度/℃	143±1	143±1	143±1	143±1	121±1
硫化时间/min	10、20、30、40、50	10、20、30、40、50	20、30、40、50、60	5、10、15、20、40	10、20、30、40、50

4. 性能实验

硫化好的试片在室温下冷却存放6 h后，根据国家标准进行硬度、拉伸强度、定伸应力、扯断伸长率及3 min永久变形等各项实验。实验时应注意操作要点，认真做好记录，对各项实验的计算进行核对，确保无误。

5. 实验数据处理

根据各配方的性能实验结果，绘制每种促进剂胶料的硫化曲线，确定每个胶料的正硫化时间。

以硫化时间为横坐标，测得的各项性能为纵坐标，便可作出每个胶料的硫化曲线。在绘制硫化曲线时要注意：①选择纵坐标的比例适宜，一般可采用定伸应力和拉伸强度，用1 cm长度表示2 MPa，扯断伸长率用1 cm表示100%，永久变形用1 cm表示10%；②作曲线时按实验结果先在图中标出各点，画出一平滑的曲线，使曲线通过或接近最多的点。

根据对硫化曲线的分析，可很容易地确定出胶料的正硫化时间。一般，当胶料的定伸应力、硬度、扯断伸长率和永久变形的各个曲线急剧转折，而拉伸强度达到最大值或比最大值略低一些时，对应的时间可视为正硫化时间。

找出正硫化时间后，整理各个胶料在正硫化条件下的各项性能。

五、实验报告内容

（1）实验报告名称。

（2）实验日期。

（3）实验室温度。

（4）实验编号、硫化温度、正硫化时间及在正硫化条件下的各项性能。

（5）实验分析。

① 比较在相同温度下不同促进剂胶料的硫化速度和在正硫化条件下的各项性能，比较促进剂TMTD胶料在不同硫化温度下的硫化速度和在正硫化条件下的各项性能。

② 从硫化绘曲线上，计算出胶料的工艺正硫化时间，找出理论正硫化时间。

绘制不同硫化时间下对应的拉伸强度曲线，取最大值所对应的最短硫化时间为正硫化时间。

③ 对实验结果进行理论分析。

④ 对可能出现的异常实验数据提出个人分析意见。

六、思考题

（1）促进剂M、NOBS、D、TMTD对硫化胶的性能有什么影响。

（2）硫化温度和硫化压力对橡胶的硫化有何影响？

（3）如何确定胶料的正硫化时间？

实验五　不饱和聚酯树脂的配制和浇铸成型

一、实验目的

（1）掌握不饱和聚酯树脂的结构、固化机理。

（2）了解浇铸成型工艺的特点、浇铸成型的工艺过程。

（3）了解浇铸成型模具的特点。

（4）浇铸体物理力学性能和复合材料性能之间的差异。

二、实验原理

1. 不饱和聚酯改性

不饱和聚酯（Unsaturated Polyester Resin，UPR）是由不饱和二元酸（马来酸酐）、饱和二元酸、二元醇经缩聚反应生成的，由于UPR分子链中含有不饱和双键，因此可以和含有双键的单体如苯乙烯、甲基丙烯酸甲酯等发生共聚反应生成三维立体结构，形成不溶不熔的热固性塑料。

不饱和聚酯具有良好的力学性能、电性能和耐化学性能，且原料易得和价格低廉，其复合材料被广泛用于船舶、汽车、建材业等。但 UPR 的固化物一般存在韧性差、强度不高、容易开裂、收缩率大等缺点，从而限制了其应用范围。为了扩大 UPR 应用范围，特别是为了满足一些特殊领域的要求，需要对 UPR 进行改性，以提高 UPR 性能（如力学性能、收缩性能、阻燃性能等）。

由于不饱和聚酯树脂（UPR）固化后脆性大、冲击强度低，为提高其抗冲击性能，需要对 UPR 进行增韧改性。目前，UPR 的常用增韧改性方法包括：在不饱和聚酯的合成过程中引入长链醇或长链酸，如聚乙二醇、一缩二乙二醇、己二酸、一缩二乙二酸等；加入热塑性弹性体，如液体橡胶，液体聚氨酯等，一般需要对液体橡胶用活性单体接枝、端基改性来增加其极性，以改善两相间的相容性；加入一种可以交联的预聚物或聚合物与 UPR 形成互穿网络结构；无机纳米粒子改性 UPR，纳米粒子因其独特的尺寸效应、局域场效应、量子效应，表现出常规材料所不具备的优异性能，添加纳米粒子的 UPR 其强度、韧性、刚性和耐热等性能均有明显提高。

无机纳米粒子比常规微米级粒子具有更独特的表面效应、体积效应、量子效应及宏观量子隧道效应，能与高聚物以物理吸附、化学键等方式相结合，对高聚物改性表现出增韧和增强的协同效应。但纳米粒子具有很高的表面能和表面活性，在聚合物基体中很难达到纳米级的均匀分散。为提高无机纳米粒子在高聚物基体中的分散态，改善纳米粒子与高聚物的结构差别，增强纳米无机粒子与 UPR 结合界面的作用力，更好地发挥纳米粒子的特性，常对无机纳米粒子进行表面改性，通过减弱纳米粒子表面的极性，使其由亲水变为疏水，降低表面能，达到与高聚物充分相容和均匀分散。纳米粒子的表面改性一般是使用表面活性剂与纳米粒子表面发生物理和化学作用，产生新的物理、化学特性以满足改性的要求。

常用的表面改性方法：①机械化学改性；②表面覆盖改性；③外覆膜层改性；④表面接枝法。

按照纳米粒子与不饱和聚酯的复合方式将纳米改性复合材料大致分为两大类：一类是用 SiO_2、$CaCO_3$ 和 TiO_2 等纳米粒子填充改性不饱和聚酯；另一类是将改性有机蒙脱土与不饱和聚酯复合后，制备剥离或插层型纳米复合不饱和聚酯。

本实验采用纳米 SiO_2 对不饱和聚酯树脂进行增韧改性。

纳米材料的分散性能是其应用技术的核心和关键，是充分体现纳米粒子材料尺度效应和改性效果的基础。纳米粒子界面存在很大的自由能，粒子极易自发团聚，均匀分散困难，因此须通过物理机械分散和化学预分散的方式打开纳米粒子团聚体，以消除界面能差，增强其在不饱和聚酯基体中分散后的稳定性和界面结合强度，提高复合体系的韧性。常采用球磨技术分散、超声分散、高速分散、直接共混法、溶胶-凝胶法、原位分散聚合及多次压延等方式分散纳米粒子。

2. 不饱和聚酯树脂的浇铸成型

浇铸成型是将已准备好的浇铸原料（通常是单体、初步聚合或缩聚的预聚体，或

聚合物与单体的溶液等)注入模具中使其固化(完成聚合或缩聚反应),从而得到与模具型腔相似的制品。

浇铸成型一般不施加压力,对设备和模具的强度要求不高,对制品尺寸限制较小,制品中内应力也低。因此,生产投资较少,可制得性能优良的大型制件,但生产周期较长,成型后须进行机械加工。在传统浇铸基础上,派生出灌注、嵌铸、压力浇铸、旋转浇铸和离心浇铸等方法。①灌注。此法与浇铸的区别在于:浇铸完毕制品即由模具中脱出;而灌注时模具却是制品本身的组成部分。②嵌铸(封入成型)。将各种非塑料零件置于模具型腔内,与注入的液态物料固化在一起,使之包封于其中。③压力浇铸。在浇铸时对物料施加一定压力,有利于把黏稠物料注入模具中,并缩短充模时间,主要用于环氧树脂浇铸。④旋转浇铸。把物料注入模具后,模具以较低速度绕单轴或多轴旋转,物料借重力分布于模腔内壁,通过加热、固化而定型,用于制造球形、管状等空心制品。⑤离心浇铸。将定量的液态物料注入绕单轴高速旋转,并可加热的模具中,利用离心力将物料分布到模腔内壁上,经物理或化学作用而固化为管状或空心筒状的制品。单体浇铸尼龙制件也可用离心浇铸法成型。

本实验采用液体原料(改性 191# 不饱和聚酯树脂为基体材料,按比例加入引发剂、促进剂)直接浇铸到一定的模具中,然后原料在模具中固化定型后脱模制作透明的浇铸体平板。

三、实验仪器及原材料

仪器与设备:台秤、工业天平。

原材料:191# 不饱和聚酯树脂、引发剂(过氧化环己酮)、促进剂(环烷酸钴)、纳米二氧化硅。

四、实验内容

1. 模具材料的准备(国标《GB/T 2567—1995》)

(1) 模板为平整的玻璃板或钢板等,其大小为 200 mm×150 mm(长×宽)。

(2) 脱模采用聚酯塑料薄膜。

(3) 玻璃 U 形模框,将厚度与浇铸体的厚度一致的橡胶片剪成 U 形框条,尺寸大小与模板尺寸相吻合。

(4) 弓形夹(G 型夹)。

2. 模具材料的制作(国标《GB/T 2567—1995》)

在两块覆盖有脱模薄膜的模板之间夹入 U 形模框,U 形的开口处为浇铸口,U 形模框事先涂有脱模剂或覆盖玻璃纸,用弓形夹将其夹紧,两模板间的距离用垫片来控制。U 形橡胶和玻璃板构成浇注成型模具的型腔。

3. 试板的浇铸成型(国标《GB/T 2567—1995》)

(1) 树脂胶液的配制是将树脂、引发剂、促进剂、助剂等混合均匀,常温固化的树脂具有很短的凝胶期，必须在凝胶以前用完。树脂胶液的配制是浇铸成型工艺的重要步骤之一，它直接关系到制品的质量。

(2) 对于聚酯树脂胶液的配制如表5-7所列。配制时按配方先将引发剂和树脂混合均匀，成型操作前再加入促进剂环烷酸钴搅匀使用，也可以预先在树脂液中加入环烷酸钴，在成型操作前加入引发剂过氧化环己酮搅匀使用。

注意：引发剂和促进剂不能直接加在一起。

表5-7　不饱和聚酯树脂配方(体积分数/%)

组　分	配　比
改性191#不饱和聚酯树脂	100
引发剂(过氧化环己酮)	1～2
促进剂(环烷酸钴)	0.5～2
纳米二氧化硅	5～10

(3) 浇铸成型。在室温15～30 ℃，相对湿度小于75%下进行，沿浇铸口紧贴模板倒入胶液，在整体操作过程中要尽量避免产生气泡。如气泡较多，则可采用真空脱泡或振动法脱泡。

4. 试板的固化、脱模和性能测试

用弓形夹(垫上橡胶垫)夹持模板，放置在实验室，待其常温固化。

一般放置24 h后脱模，检测试样的外观质量。

性能测试：①冲击性能的测试，实验方法参照《GB 1451—2005》；②洛氏硬度的测试，实验方法参照《GB 3854—2005》。

五、实验报告要求

(1) 简述实验原理。

(2) 详细记录设备型号及操作情况。

(3) 根据制品好坏情况，分析其原因。

(4) 根据纳米粒子增韧改性机理讨论实验所得制品的性能结果。

六、思考题

(1) 不饱和聚酯树脂的主要结构特点及固化机理是什么？

(2) 对不饱和聚酯树脂进行增韧改性的方法有哪些？

(3) 浇铸成型的模具有哪些特点？

实验六　玻璃纤维增强不饱和聚酯复合材料的手糊成型

一、实验目的

(1) 了解玻璃纤维的种类、特性。

(2) 掌握不饱和聚酯树脂的结构、固化机理。

(3) 了解浇铸成型工艺的特点、浇铸成型工艺的过程、浇铸成型模具的特点。

(4) 掌握手糊成型的基本流程及树脂配制。

二、实验原理

玻璃纤维增强不饱和聚酯复合材料简称聚酯玻璃钢,玻璃钢制品在日常生活以及工业生产中的应用日趋广泛。本实验采用手糊成型的方法制备复合材料板,并按测试要求制成试样。

目前,世界上使用最多的成型方法有6种:手糊法、缠绕法、喷射法、模压法、RTM法、拉挤法,我国有90%以上的玻璃钢是用手糊法生产的,从世界各国来看,手糊法仍占有相当大的比重。手糊成型工艺属于低压成型工艺,所用设备简单、投资少、见效快,有时还可现场制造某些制品,方便运输,所以目前在国内仍有很多中小企业以手糊为主要生产方式;在大型企业中手糊工艺也经常被用来解决一些临时的、单件的生产问题。据有关资料统计,复合材料的制品产量很高的日本,手糊制品约占总产量的1/3。

手糊成型工艺最大的特点是灵活,适宜多品种、小批量生产。目前,在国内采用手糊成型生产的产品有浴缸、波纹瓦、雨阳罩、冷却塔、活动房屋、储槽、储罐、渔船、游艇、汽车壳体、大型圆球屋顶、天线罩、卫星接收天线、舞台道具、航空模型、设备护罩或屏蔽罩、通风管道、河道浮标等。因此,掌握手糊成型工艺技术很有必要。

不饱和聚酯树脂中的苯乙烯既是稀释剂又是交联剂,粘度较小,工艺性好,在固化过程中不放出小分子,所以手糊制品几乎90%是采用不饱和聚酯树脂。

本实验先制备191# 不饱和聚酯树脂液体,将液体树脂浸渍玻璃布,以手糊的方法将其铺敷在玻璃板模具上制作玻璃钢平板。树脂固化后,从玻璃板模具上脱模,得到玻璃钢平板。然后测试其力学性能。

三、实验仪器及原材料

(1) 原材料:191# 树脂(是丙二醇、顺丁烯二酸、邻苯二甲酸聚酯的苯乙烯溶液,适用制作刚性、半透明制品)、有机硅氧烷、引发剂、促进剂等。

(2) 模具材料:玻璃板、薄膜、铝箔。

(3) 手糊工具：毛刷、烧杯。

(4) 主要仪器：超声波清洗机、电子台秤、万能电子拉力机、洛氏硬度计。

四、实验内容

1. 树脂基体的配制

按表 5－8 的配比称量树脂基体的成分，并在常温下混合均匀。

表 5－8　不饱和聚酯树脂配方

组　分	质量分数/%
改性 191# 不饱和聚酯树脂	100
引发剂(过氧化环己酮)	1～2
促进剂(环烷酸钴)	0.5～2

2. 聚酯玻璃钢的手糊成型

(1) 模具准备

将 500 mm×500 mm 玻璃平板表面擦洗干净，干燥，作为模具备用。

(2) 玻璃布剪裁

估算玻璃布的层数，用剪刀剪裁长、宽各 350 mm 的玻璃布若干块。

(3) 手糊成型操作

① 用塑料薄膜作为脱膜剂，将其平整地铺敷在玻璃板上。为了避免塑料薄膜在手糊过程中移动，可用透明胶布将其固定在玻璃板上。

② 将 1～2 层玻璃布铺放在玻璃板的塑料薄膜上。

③ 根据自定的力学性能目标进行设计配方、层数等，按设计配方将引发剂与不饱和聚脂树脂配合搅匀，然后加入促进剂搅匀，马上淋浇在玻璃布上，并用毛刷正压(不要用力涂刷，以免玻璃布移动)，使树脂浸透玻璃布，观察不应有明显的气泡。

④ 铺放下一层玻璃布，并立即涂刷树脂，一般树脂含量约 50%；紧接着第二层、第三层依次重复操作，注意玻璃布接缝错开位置，每层之间都不应该有明显的气泡，即不应有直径 1 mm 以上的气泡。

⑤ 达到所需厚度时，手糊成型完成。为了达到玻璃钢板双面平整、光滑的表面效果，可将一层塑料薄膜铺放在玻璃钢板上并盖上一块玻璃平板。

⑥ 手糊完毕后需待玻璃钢达到一定强度后才能脱模，这个强度定义为能使脱模操作顺利进行而制品形状和使用强度不受损坏，低于这个强度脱模就会造成损坏或变形。通常在温度 15～25 ℃下，24 h 即可脱模；30 ℃以上 10 h 对形状简单的制品可脱模；气温低于 15 ℃则需要加热升温固化后再脱模。

⑦ 玻璃钢板脱模后，修理毛边，并美化装饰。

(4) 玻璃钢制品质量的自我评定

① 表面质量是否平整光滑,肉眼是否可看见气泡、分层?

② 形状尺寸与设计尺寸是否相符?

3. 聚酯玻璃钢的性能测试

(1) 冲击性能的测试,实验方法参照《GB 1451—2005》。

(2) 洛氏硬度的测试,实验方法参照《GB 3854—2005》。

五、实验报告要求

(1) 简述实验原理。

(2) 详细记录设备型号及操作情况。

(3) 根据制品好坏情况,分析其原因。

(4) 根据纳米粒子增韧改性机理讨论实验所得制品的性能结果。

六、思考题

(1) 手糊成型工艺有何特点?

(2) 不饱和聚酯树脂配方中的引发剂和促进剂分别起何作用?

(3) 手糊成型的基本流程有哪些?

Ⅵ　高分子材料综合实验

实验一　塑料的共混改性实验设计

一、实验要求

(1) 实验前查阅文献资料，了解塑料共混改性的研究进展，以及塑料共混改性的方法，提出实验方案。

(2) 按照实验方案制备塑料共混改性试样。

(3) 进行力学、光学、热学、化学以及电学性能测试。

(4) 分析配方和混合塑炼条件对产品性能的影响。

二、实验论证与答辩

1. 查阅文献资料

通过查阅文献资料，了解国内外研究、生产共混改性塑料的科技动态。

2. 实验立题报告的编写内容

① 论述塑料共混改性的动态、社会与经济效益。

② 论述共混改性塑料的应用情况与该项目相关的研究进展。

③ 实施该项目的具体方案、步骤、性能检测手段。

3. 实验立题答辩

在实验指导老师和同学们组成的答辩会上宣讲立题报告，倾听修改意见，最终将完善后的实验立题报告交于实验指导老师审阅，批准后进行实验准备。

三、实验提示

1. 原　料

树脂：聚乙烯、聚丙烯、聚氯乙烯、聚苯乙烯、ABS(丙烯酸-丁二烯-苯乙烯)、聚甲基苯烯酸甲酯。

功能填料：二氧化碳、碳酸钙、木粉、陶土、钛白粉、滑石粉、云母、蒙脱土、石英、玻璃纤维、炭黑、金属纤维/粉/氧化物。

稳定剂：三盐基硫酸铅、二盐基亚磷酸铅、硬脂酸盐类。

增塑剂：邻苯二甲酸二辛酯(DOP)以及邻苯二甲酸二丁酯(DBP)等。

增韧剂：橡胶、丙烯酸酯聚合物、无机纳米粒子。

润滑剂：硬脂酸、硬脂酸丁酯、油酰胺、乙撑双硬脂酰胺、天然石蜡，液体石蜡(白油)。

助剂的具体选择范围如表6-1所列。

表6-1　助剂的具体选择范围

目　的	助剂名称
增韧	弹性体、热塑性弹性体和刚性增韧材料
增强	玻璃纤维、碳纤维、晶须和有机纤维
阻燃	溴类(普通溴系和环保溴系)、磷类、氮类、氮/磷复合类膨胀型阻燃剂、三氧化二锑、水合金属氢氧化物
抗静电	抗静电剂
导电	碳类(炭黑、石墨、碳纤维、碳纳米管)、金属纤维和粉、金属氧化物
磁性	铁氧体磁粉，稀土磁粉包括钐钴类、钕铁硼类、钐铁氮类、铝镍钴类磁粉
导热	金属纤维和粉末、金属氧化物、氮化物和碳化物、碳类材料(如炭黑、碳纤维、石墨和碳纳米管)、半导体材料(如硅、硼)
耐热	玻璃纤维、无机填料、耐热剂
透明	成核剂
耐磨	石墨、二硫化钼、铜粉
绝缘	煅烧高岭土
阻隔	云母、蒙脱土、石英
抗氧	受阻酚类、受阻胺类、亚磷酸酯、硫代酯
光稳定	炭黑、氧化锌、水杨酸类、三嗪类、含镍的有机络合物
增塑	邻苯二甲酸酯类、磷酸酯类、脂肪族二元酸酯类、环氧类
提高介电性	滑石粉、二氧化钛、Ta_2O_3、$BaTiO_3$、$SrTiO_3$
抗菌	桧醇、银、铜、锌等金属离子及其氧化物、酚醚类、聚吡碇
防辐射	酚酞聚芳醚酮、PI、PPS等含芳环和杂环的聚合物
防雾	甘油脂肪酸酯类、山梨糖醇酐脂肪酸酯类、聚硅氧烷

2. 配方的设计

配方的设计是树脂成型过程的重要步骤，对于聚合物树脂为了提高其成型性能、材料的稳定性以及获得良好的制品性能并降低成本，必须在树脂基体中配以各种助剂。

① 树脂。树脂的性能应满足各种加工成型和最终制品的性能要求。

② 稳定剂。稳定剂的加入可防止聚氯乙烯树脂在高温加工过程中发生降解而

使性能变坏，稳定剂通常按化学组分分成四类：铅盐类、金属皂类、有机锡类和环氧脂类。

③ 润滑剂。润滑剂的主要作用是防止粘附金属，延迟聚合物树脂的凝胶作用和降低熔体粘度，润滑剂可按其作用分为外润滑剂和内润滑剂两大类。

④ 填充剂。在塑料中加入填充剂，可大大降低产品成本，以及达到改进制品的某些性能的目的，常用的填充剂有碳酸钙等。

⑤ 增塑剂。可增加树脂的可塑性、流动性，使制品具有柔软性。常用的增塑剂有邻苯二甲酸酯，己二酸和癸酸酯类及磷酸酯类。

⑥ 改性剂。为改善树脂作为硬质塑料应用所存在的加工性、热稳定性、耐热性和冲击性差的缺点，常常按要求加入各种改性剂，改性剂主要有以下几类：

- 冲击性能改性剂。用以改进塑料的抗冲击性及低温脆性等，常用的有氯化聚乙烯(CPE)，乙烯-醋酸乙烯共聚物(EVA)，丙烯酸酯类共聚物(ACR)、丙烯腈-丁二烯-苯乙烯共聚物(ABS)及甲基丙烯酸甲酯-丁二烯-苯乙烯接枝共聚物等。
- 加工改性剂。其作用只改进材料的加工性能而不会明显降低或损害其他物理性能的物质，常用的加工改性剂如丙烯酸酯类、α-甲基苯乙烯低聚物、丙烯酸酯、苯乙烯共聚物。

此外，还可根据制品需要加入颜料，阻燃剂及发泡剂等。聚合物树脂配方中各组分的作用是相互关联的，不能孤立地选配，在选择组分时，应全面考虑各方面的因素，按照不同制品的性能要求、原材料来源、价格以及成型工艺进行配方设计。

3. 混　合

混合是使多相不均态的各组分转变为多相均态的混合料，常用的混合设备有Z型捏合机和高速混合器。

塑料配方中加有大量的增塑剂，为保证混合料在捏合中分散均匀，必须考虑以下因素：

① 树脂与增塑剂的相互作用。树脂在增塑剂中发生体积膨胀(又称溶胀)，当树脂体积膨胀到分子间相对活动足够小时，树脂大分子和增塑剂小分子相互扩散，从而逐步溶解。影响溶胀完善、分散均匀的主要因素有混合温度、树脂结构以及所用增塑剂与树脂的相容性。

② 多种组分的加料顺序。为了保证混合料分散均匀，还必须注意加料顺序，应先将增塑剂和树脂混合使相溶胀完善，再将填充剂混入，以免增塑剂首先掺入填充剂颗粒中。

此外，混合时间以及搅拌桨形式均影响混合料的均匀性。

4. 塑　炼

塑炼的目的是使物料在剪切作用下热熔，剪切混合达到期望的柔软度和可塑性，

使各组分分散更趋均匀，并可驱逐物料中的挥发物。

塑炼的主要控制因素是塑炼温度、时间和剪切力。

塑炼常用设备为双辊塑炼机，在生产中也可通过密炼或挤出机完成塑化过程。

压制法生产塑料硬板，是将树脂及各种助剂经过混合、塑化、压成薄片，在压机中经加热、加压，并在压力下冷却成型制得的。用压制生产的硬板光洁度高、表面平整，厚度和规格可以根据需要选择和制备，是生产大型塑料板材的一种常用方法。

四、结果与讨论

(1) 分析树脂相对分子质量大小与产品性能及加工性能的关系。

(2) 分析配方中各个组分的作用。

(3) 在所制备的塑料试片中，功能填料的不同加入量对性能有什么影响？

(4) 观察所压制硬板的表观质量，分析出现塌陷、气泡、开裂等现象的原因。

五、实验报告要求

(1) 简述实验的目的。

(2) 简述实验的原理。

(3) 列出实验的配方。

(4) 简述各实验步骤。

(5) 对实验结果和实验中出现的现象及实验成功、失败的原因进行分析。

(6) 对整个实验过程中的操作满意度做出自身评价。

(7) 实验报告的撰写格式符合统一规定，内容力求翔实具体。

实验二 热熔胶制作及粘接性能检测

一、实验目的

(1) 了解塑料配方设计的基本原理。

(2) 掌握塑料原材料的配混操作工艺。

(3) 掌握聚乙烯接枝马来酸酐熔融接枝原理。

(4) 了解挤出机的基本构造、技术参数与工作原理。

(5) 掌握挤出机的挤出工艺条件及其控制。

(6) 对热熔胶(聚合物接枝极性单体)进行配方设计、混合、熔融挤出成型操作。

(7) 对被粘材料(金属或高分子)进行表面处理。

(8) 热压成型制备三层粘接接头，冲片机制备180°剥离试样。

(9) 拉伸测试仪上测量粘接接头的剥离强度。

(10) 粘接失效的破坏形式分析。

二、实验原理

1. 热熔胶的制作原理

聚乙烯为线性或略带支链的无极性高聚物，分子链柔顺，易于结晶，呈半透明状态，是产量最大的五大通用塑料之一。由于聚乙烯的分子链无极性、结晶度高，使其表面能很小，难以与其他聚合物或填料共混，更难以被胶粘剂粘接，因此限制了它的应用范围。为此，人们采用了多种方法对聚乙烯进行改性，其中，通过接枝极性单体改善聚乙烯的表面性能已成为聚乙烯改性的重要研究方向之一。

在用于聚乙烯接枝的不饱和单体中，马来酸酐(也称为顺丁烯二酸酐，MAH)是最常用的一种单体，为含有 C—C 双键的五元杂环化合物，分子键中除含有双键(—C═C—)外，还含有酸酐基(—COOCO—)以及由酸酐基水解形成的梭基(—COON)。双键易于在过氧化物引发作用下打开与聚合物接枝，酸酐基或梭基作为官能团可参与许多化学反应，为接枝物的应用提供了有利条件。MAH 作为接枝单体的优点是它的共聚能力强而均聚能力差，熔点低(53 ℃)，沸点较高(202 ℃)，本身为粉末易于加料和计量；缺点是刺激性强，对人的呼吸系统和皮肤有一定的不利影响，对螺杆和料筒有一定的腐蚀作用。

利用反应挤出可以将含有官能团的单体接枝到聚合物的分子主链上，从而达到聚合物改性的目的。本实验制备的 PE－g－MAH 是一种反应型接枝物，是马来酸酐(MAH)与 PE 在双螺杆挤出机中进行熔融接枝反应制备的。它突破了传统的反应釜式的反应，且无溶剂回收，可连续化制备。熔融接枝反应时利用过氧化二乙丙苯(DCP)作为引发剂，合成 PE－g－MAH。

链引发：

R－O－O－R→2RO·

RO·＋PE→PE·＋ROH

链增长：

PE·＋MAH→PE－MAH·

链终止：

PE·－MAH·＋PE·→PE－MAH－PE

PE－MAH·＋·MAH－PE→PE－MAH－MAH－PE

PE·＋PE·→PE－PE

PE－MAH·＋PE－MAH·→PE－MAH＋PE－MAH

2. 剥离强度测试原理

剥离是粘接接头常见的破坏形式之一。其特点是接头在受力时，力集中在胶头端部非常狭小的区域，这个区域似乎是一条线。胶粘剂所受的这种力叫线应力。当作用在这条线上的外力大于粘接强度时，接头就会沿粘接面发生剥离破坏。

剥离实验用的 2 个材料，其中之一为刚性材料，另一试件为挠性材料，由于至少有一个试件为挠性材料，所以当接头受剥离力时，被粘材料的挠性部分首先发生塑性变形，然后粘接接头慢慢被撕开了。

两块被粘材料通过胶粘剂制备成粘接接头，然后将粘接接头以规定的速率从开口处剥开，两块被粘物沿着被粘面长度方向被逐渐分离，通过挠性被粘物所施加的剥离力基本平行于粘接面，如图 6－1 所示。

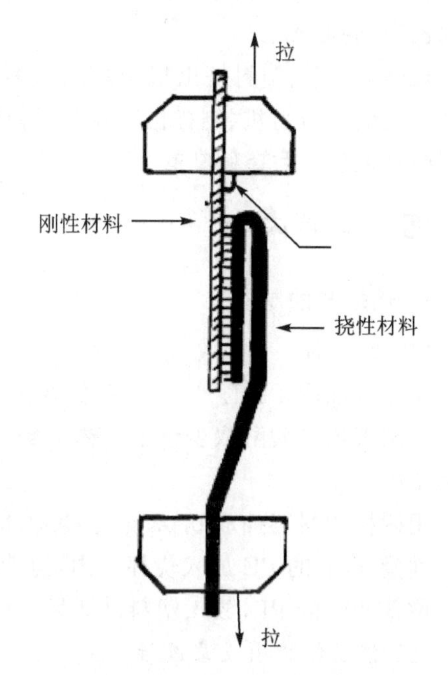

图 6－1　挠性材料对刚性材料 180°剥离实验的示意图

3. 粘接接头的破坏形式

在粘接接头中，胶粘剂最基本的使用价值就是在特定环境下粘接接头的承载能力。目前主要通过破坏性实验来评价粘接接头的能力，根据破坏的部位可把其破坏分为以下 4 种基本类型。

① 胶粘剂内聚破坏：是胶粘剂胶层发生破坏，说明胶粘剂的胶接性能已满足要求，但胶粘剂本身的强度还不够。胶粘剂（胶层）发生破坏，这时胶接强度取决于胶粘剂和被粘物的力学性能。

② 被粘物内聚破坏：是被粘物内聚破坏，说明胶粘剂的强度性能已满足要求。被粘物本身发生破坏，这时胶接强度取决于胶粘剂和被粘物的力学性能。

③ 界面破坏：就是胶层与被粘物在界面处整个脱开而形成的破坏。

④ 混合破坏：也叫交替破坏，包括一部分内聚破坏和一部分界面破坏，即破坏通过胶粘剂在两界面处交替进行，如图 6－2 所示。

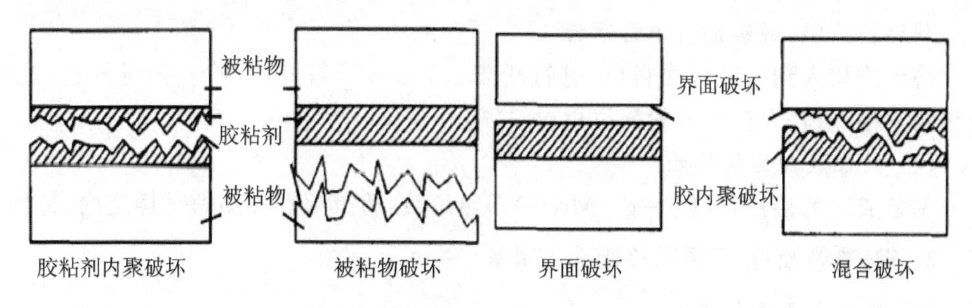

图 6－2　粘接接头的 4 种破坏形式

三、实验仪器和原材料

原材料：PE、DCP、顺丁烯二酸酐（MAH）、液体石蜡、塑料试样袋、钢板、砂纸、无水乙醇、脱脂棉。

仪器：天平、塑料挤出机、粉碎机、真空烘箱、切板机、热压机、镊子、烧杯、大剪刀、铲子、电子拉力机、制样机、微样进料器、玻璃棒、托盘、毛刷、表面皿。

劳动保护：手套和口罩。

四、实验内容

1. 热熔胶的制备

(1) 配　料

用吸管抽取 1 mL 液体石蜡，倒在洁净的烧杯 1 内。

将顺丁烯二酸酐取少量于研钵中研磨至粉状，在天平上称取 MAH 0.3 g，倒进烧杯 1 中。

用微样进料器抽取 0.03 g 的 DCP，倒进烧杯 1 内，用玻璃棒搅拌均匀。

称量 50 g 的 PE 加入烧杯 1 内，搅拌均匀。

称量 50g 的 PE，放入塑料试样袋内待用。

(2) 挤出机挤出反应改性

接通电源，开启挤出机主机电源开关，设定挤出机的三段温度为 170 ℃、175 ℃、180 ℃，开加热到设定温度后恒温 5 min。

检查挤出机料筒内是否有杂物，空转，保持螺杆转速 30 r/min，查看螺杆是否运转正常。

螺杆转动平稳后，将上述配好的料加入挤出机加料斗。

挤出后，用干净的托盘接住挤出物料，一边挤出一边用剪刀将挤出物剪短备用。

(3) 粉　碎

打开粉碎机门，用毛刷将内腔清理干净，合门拧紧。

开启粉碎机，观察是否正常运转。

挤出物加入到粉碎机加料口，进行粉碎。5 min 后打开门，将料扫进托盘，观察粉粒的大小，若较大就加入粉碎机再次粉碎。

(4) 制备成功的接枝物

制备成功的接枝物（PE－g－MAH）即热熔胶，将其保存在塑料试样袋内，待用。

2. 钢-热熔胶-塑三层粘接接头的制备

(1) 钢板的表面处理

将钢板在切板机上裁剪成同规格的尺寸 25 mm×200 mm，等待备用。

用砂纸打磨金属的表面，除去氧化层和油污；采用无水乙醇，用镊子夹住小块脱脂棉进行表面污物的处理。

戴好干净的手套，将处理好的5个钢带放入表面皿或托盘内，整齐靠紧无缝。

将粉碎好的热熔胶平铺到钢带上，要求覆盖不超过钢板长度的2/3；胶层薄层越薄越好，但要保证加热流延后不缺胶。

将真空烘箱加热到180 ℃，把覆盖胶层的钢带放入烘箱内，抽真空，防止热氧化。10 min后，观察热熔胶是否完全熔融，变成无色透明，等待与钢带形成较大的接触面后，打开真空，打开烘箱门取出样品。

(2) 2PE片材热压成型

打开热压成型机，设定三个模板温度为180 ℃、180 ℃、180 ℃，预热并恒温3 min。

清洗擦拭模板，使之保持干净。

将称量好的50 g的PE，加入到模板中，合模，送入热压机上热压成塑料板。热压压力为10～15 MPa，时间5 min。

开模，取出，PE片材的厚度为2 mm左右。

(3) 金属-热熔胶-PE三层结构热压成型

将5个钢带分开，等距均匀放置在模板上，放入热压机中，合模使热压机的上模板与热熔胶表层保持1 cm的间距，进行预热直至热熔胶完全熔融成透明状。

开模，将压制好的PE片材覆盖在热熔胶的上面，然后再放上模板，合模，热压。

结束后，取出模板放在桌面或者另一台未加热的热压机上进行冷却，然后开模。

(4) 修剪实验试样

取出热压的三层制品，进行简单的修剪。

用大剪刀或者切割机将5个试样依次剪下，等待备用。

3. 粘接接头180°剥离强度测试

按照国家标准《GB/T 2792—2014》，在拉力机上，一头夹住钢带，另一头夹住塑料片。注意使夹头间的试样准确定位，以保证所施加的拉力均匀地分布在试样的宽度上。开动机器，使上下夹头以恒定的速度100 mm/min分离，记录实验数据。要从剥离力和剥离强度长度的关系曲线上测定平均剥离力，且计算剥离力的剥离长度至少为100 mm，但不包括最初的25 mm。

典型的剥离曲线如图6-3所示。

粘结接头的剥离强度计算公式如下：

$$\sigma_{180} = \frac{F}{B}$$

式中：σ_{180} 为180°剥离强度，单位N/m；F 为剥离力，单位N；B 为试样宽度，单位m。

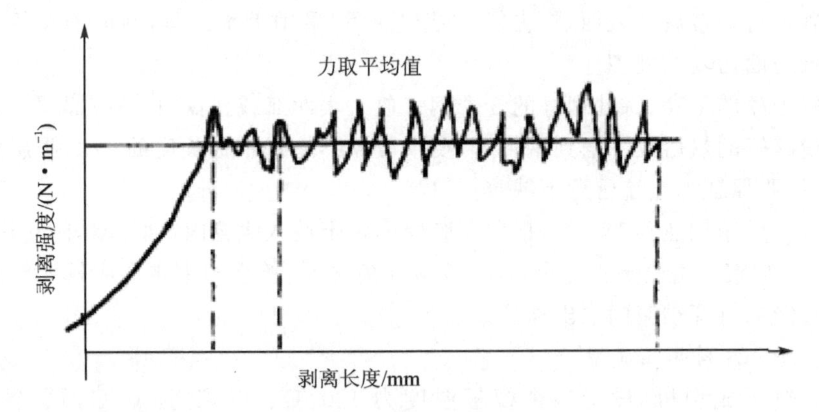

图 6-3　典型的剥离曲线

五、实验报告

1. 热熔胶反应挤出成型

① 列表记录 PE-g-MAH 热熔胶的配方。

② 列表记录在实际螺杆挤出机工作中,各区温度设置及螺杆转速。

2. 金属-热熔胶-塑料三层粘接接头的制备

① 金属的表面处理方法及处理的条件。

② 列表记录在热压机上三层粘接接头制作时的热压压力、热压温度及热压时间。

3. 剥离强度测试及粘接失效分析

① 记录万能拉力机的分离速度。

② 剥离强度计算结果。

六、思考题

(1) 粘接接头失效形式分析。

(2) 影响该粘接接头粘结强度的因素有哪些?

实验三　刺激响应性聚合物的合成及表面浸润性研究

一、实验目的

(1) 通过实验了解刺激响应性聚合物的特点,掌握刺激响应性聚合物结构设计的原理。

(2) 掌握刺激响应性聚合物本体聚合的基本原理，着重了解聚合温度对产品质量的影响规律。

(3) 掌握刺激响应性聚合物表面浸润性的测试方法。

二、实验原理

刺激响应性聚合物是一类在外界环境微小刺激下，能够表现出较为显著的物理或化学性质变化的聚合物。因其独特的性质，通常作为智能材料而广泛应用于药物传递、生命诊断、组织工程和智能光学系统，以及生物传感器、微机电系统、涂料和纺织品等领域。外界环境刺激因素包含化学因素和物理因素。其中化学因素包括pH、电化学、离子强度和生物因素等，在化学作用刺激下，体系会在分子水平上发生聚合物之间、聚合物与溶剂之间相互作用的改变。而物理因素，如温度、光、电场、磁场、机械作用等，则会影响分子间各部分的能量水平并在某个临界点时改变分子间的相互作用。

目前，关于刺激响应性聚合物的研究很多，但主要集中于对温度和 pH 值敏感的两类聚合物。其中聚甲基丙烯酸二甲氨基乙酯(PDMAEMA)是一种非常重要的刺激响应性聚合物，且具有温度和 pH 值双重响应性。在 PDMAEMA 分子结构中同时存在亲水性的叔氨基、羰基和疏水性的烷基基团，且两类基团在空间结构上互相匹配，当体系的温度或 pH 值改变时，可造成氢键的形成与破坏，从而发生高分子相态的变化。PDMAEMA 在酸性条件下胺基带上正电荷，成为聚电解质，可以作为共聚物中的亲水性单体。通过共聚的方式引入其他单体，可以对聚合物进行分子水平上的设计，从而改变 PDMAEMA 的相变行为。

本实验中聚甲基丙烯酸二甲氨基乙酯-聚苯乙烯无规共聚物(PDMAEMA-*co*-PS)采用自由基本体聚合的方法合成。本体聚合的主要特点是产物较纯净，工艺过程、设备比较简单，适于制备透明性和电性能好的板材、型材等制品。其不足的地方是反应体系粘度大，自动加速现象显著，聚合反应的反应热不易导出，容易局部过热，引起相对分子质量的分布不均。因此，本体聚合中需要严格控制不同阶段的反应温度，及时排出聚合热，乃是聚合成功的关键。

表面浸润性是表示液体在固体表面的铺展能力，是固体材料的一项固有物理属性。固体表面的浸润性一般用接触角 θ 来衡量。接触角的定义是，在三相的交点处(一般是固-液-气三相)作气液界面的切线，切线与固液交界线之间存在的夹角就是接触角 θ，如图 6-4 所示。如果 $\theta<90^\circ$，那么此液体可以在固体表面铺展，该固体是亲液的；如果 $\theta>90^\circ$，那么此液体不能在固体表面铺展，该固体是疏液的。超疏液表面则是指与液体的接触角 θ 大于 150°的表面。

固体的表面浸润性一般是由固体表面的化学组成和粗糙形貌结构所决定的。除此之外，外加场如电、磁、热、光等也可以对固体的表面浸润性产生影响。因此，可以通过外场来调节和控制表面浸润性，制备表面疏水性-亲水性/疏油性-亲油性的可逆

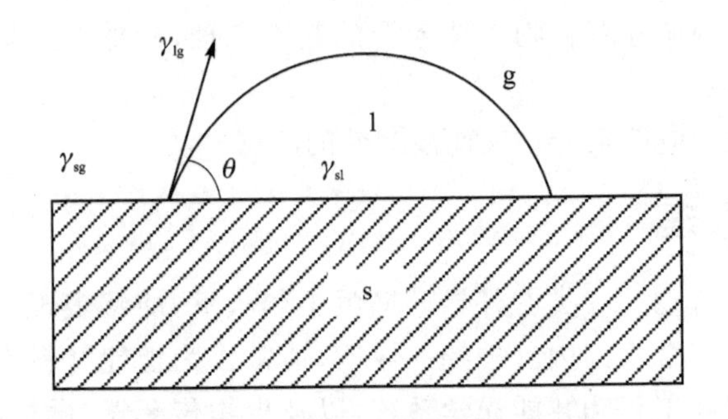

s—固体；l—液体；g—气体；γ_{sg}—固气间的表面自由能；

γ_{al}—为固液间的表面自由能；γ_{lg}—为气液间的表面自由能；

θ—静态接触角，用来描述材料表面的浸润性

图 6-4　接触角示意图

转变的固体表面材料。这种疏水-亲水/疏油-亲油开关材料可以应用在液体传输、微流控芯片、生物芯片、油水分离、抗污染表面修饰等领域。本实验通过调节体系温度和 pH 值，用接触角测量仪测定样品在空气中对水的接触角以及在水中对油（正辛烷）的接触角变化，从而研究 PDMAEMA-*co*-PS 表面浸润性随体系温度和 pH 值变化的规律。

三、实验仪器和原材料

仪器：三口瓶、冷凝管、加热套、真空干燥箱、广泛 pH 试纸、载玻片、接触角测量仪。

原材料：甲基丙烯酸二甲氨基乙酯（DMAEMA）、苯乙烯（St）、偶氮二异丁腈（AIBN）、四氢呋喃（THF）、正己烷、无水乙醇、中性氧化铝（100～200 目）、正辛烷、盐酸（HCl，36～38%）、染色剂、成套 pH 缓冲试剂、氢氧化钠（NaOH）、去离子水。

四、实验内容

1. PDMAEMA-*co*-PS 的本体聚合

① 取一个干净的三口烧瓶，依次加入单体 DMAEMA（已精制）、St（已精制）、引发剂 AIBN（已重结晶提纯），放入搅拌子，使单体与引发剂混合均匀，夹好三口烧瓶与冷凝管。然后，设定合适的温度和搅拌速率进行反应。反应过程中要注意观察搅拌子的搅拌速率。（本实验采用本体聚合的方法，反应体系中的热量较难排出，经常出现爆聚的现象，一旦出现爆聚现象应立刻停止反应，降低反应温度，并重新开始实验。）

② 反应结束后，关闭加热器，将三口烧瓶取出，将一定量的四氢呋喃倒入反应完毕的三口烧瓶中，使烧瓶中的聚合物全部溶解后倒入干净的烧杯内。然后将正己烷缓缓地加入烧杯中同时用玻璃棒缓慢搅拌，直到不再有沉淀析出，静置 1～2 h，待沉

淀全部沉积在烧杯底部,将表层液体倒入废液瓶中。得到的沉淀继续用四氢呋喃溶解,再加入正己烷,这样反复沉析三次以确保聚合物中未反应的单体全部去除。最后收集聚合物并真空干燥。

2. PDMAEMA - *co* - PS 表面浸润性随温度、pH 值变化的响应行为

① 样品制备:取约 0.1 g 的 PDMAEMA - *co* - PS,用 0.5 mL 的 THF 溶解,将溶液滴在载玻片上,放置于带盖的培养皿中,室温放置 1~2 h,样品干燥后,聚合物即在载玻片上形成光滑薄膜。制备粗糙表面样品时,将溶液滴在载玻片上并置于带盖的培养皿中,室温放置 30 min,样品表面光滑但尚未干透,用毛玻璃在样品上按压,形成粗糙表面,再在室温下放置 1~2 h 至样品干燥。

② 不同 pH 值溶液的配制:用 HCl、NaOH、成套缓冲剂和去离子水配制 pH 值为 1~12 的水溶液,并用 pH 计测定溶液的 pH 值。pH 值为 1、2、3、4、5、6 的溶液用 HCl 和去离子水配制,pH 值为 7、8、9、10、11、12 的溶液用 NaOH 和去离子水配制。

③ 测定接触角:用接触角测量仪测定样品在空气中对水的接触角以及在水中对油(正辛烷)的接触角,滴在样品上的水滴或油滴的体积为 2 μL,温度由测量仪的控温台控制,用测量仪拍摄水滴或油滴的形态,测得接触角的大小,每次在样品表面三个不同位置测定并取平均值。

④ 温度、pH 值对 PDMAEMA - *co* - PS 浸润性的影响:调节体系温度和 pH 值,用接触角测量仪测定样品在空气中对水的接触角以及在水中对油(正辛烷)的接触角变化,从而研究 PDMAEMA - *co* - PS 表面浸润性随体系温度和 pH 值变化的规律。

五、思考题

(1) 影响 PDMAEMA - *co* - PS 本体聚合的因素主要有哪些?

(2) 制备粗糙表面对 PDMAEMA - *co* - PS 浸润性响应行为有何影响?

实验四 低温等离子体处理热塑性塑料薄膜及其表面性能的表征

一、实验目的

(1) 了解热塑性高分子塑料薄膜的表面特征。

(2) 了解常用的塑料表面改性方法。

(3) 掌握低温等离子体处理技术。

(4) 掌握低温等离子体处理设备的操作方法。

(5) 掌握静态接触角仪的使用要求,学会测试热塑性塑料表面的接触角。

(6) 了解低温等离子体处理的时效性。

二、实验原理

1. 高分子材料的表面特征

材料的表面结构和性质与其本体有着明显的区别，高分子材料表面有着特殊的性质，巨大的分子尺寸是高聚物的特性，这就意味着表面上的个体分子也有可能较深地延伸进入材料本体，从事实上扩大了受影响的区域。与其他固体材料相比，聚合物表面有其共性和自身特点，聚合物的表面张力等物理性质与表面的化学组成、化学结构、分子结构以及凝聚态结构密切相关。聚合物分子随时间和环境的“分子运动”是聚合物表面的一个基础问题。从化学角度讲，表面化学反应不仅依赖于表面连接的功能基团，而且与表面的相互作用相关的功能基团的排列和取向有密切关系。从应用方面来讲，聚合物的一些浸润现象，如粘附、印刷、防水等，影响了聚合物在很多重要技术层面的应用。多个尺度的“分子运动”在聚合物中是共存的。

聚合物的表面特点有：表面能低、化学惰性、表面被污染和弱的边界层等。聚合物通常难于润湿和粘接，因此在很多重要方面的应用受到限制。在实际应用中，为了改善这些表面性质，需对聚合物表面进行改性。

聚合物表面改性是指在不影响聚合物材料本体性能的前提下，在材料表面纳米量级范围内进行的操作，赋予材料表面某些全新的性质，如改善表面化学组成，增加表面能，降低接触角；改善结晶形态和表面的几何结构；清除杂质和脆弱的边界层等。

例如：聚乙烯、聚苯乙烯、聚碳酸酯、聚甲基丙烯酸甲酯等热塑性高分子材料，亲水性和耐磨性比较差，限制了这些材料的进一步应用。

聚合物的表面改性方法有物理方法和化学方法。物理改性有两种：火焰法、等离子体处理法(含等离子体表面改性和等离子体聚合改性)；化学改性有三种：化学氧化法、化学腐蚀法、化学接枝法。

本实验主要采用低温等离子体表面改性法。

2. 低温等离子体表面改性

等离子体改性技术是20世纪60年代兴起的一门新技术。等离子体分为低温等离子体(LTP)和高温等离子体(HTP)。HTP是由电火、火焰或大气电弧产生的，气体被全部电离，电子和离子处于热平衡，温度高达上万度，能量高达104 eV，一般用于有毒物质的分解和耐温无机材料的合成。这个方法不适合改性高分子材料。

而低温等离子体(LTP)处理的气体是部分电离，气态的离子和分子的温度与环境温度接近，能量为1～10 eV，LTP中绝大部分的离子能量高于聚合物的化学键能，因此LTP具有足够的能量引起聚合物表面化学键的断裂和重组。材料经LTP处理过后，能有效地改善其表面粘接性、表面能、润湿性、染色性及生物相容性等性能，而材料的基体性能不受影响，且LTP技术具有处理均匀、可控性好、无污染等优点，因此，LTP已经在改善聚合物表面具有所需要的化学和形态学特性方面的研究取得显

著成效。

低温等离子体处理仪如图 6－5 所示。

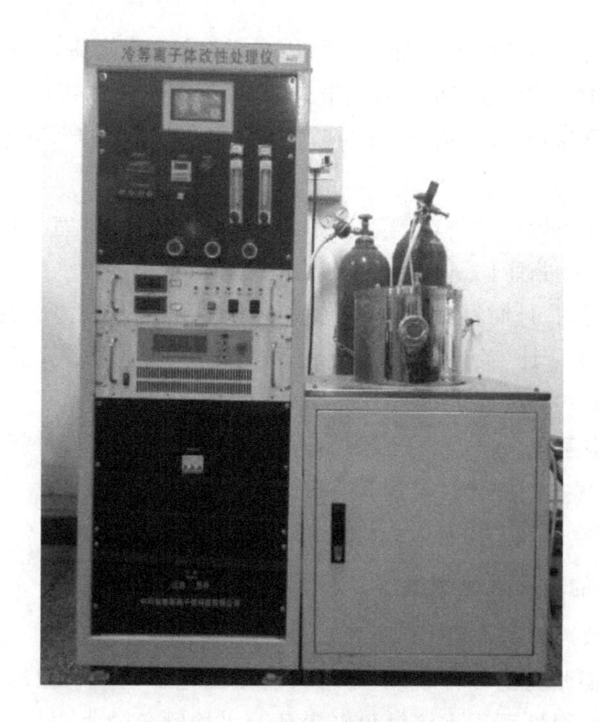

图 6－5　低温等离子体处理仪

三、实验仪器及材料

实验仪器：低温等离子体处理仪(冷等离子体仪)、接触角仪、万能实验机。

实验材料：厚度为 0.1 mm 的热塑性塑料薄膜(LDPE、PTFE，或聚酯薄膜)，惰性气体(N_2、氩气)。

四、实验内容

1. 塑料薄膜的等离子处理操作

(1) 将塑料薄膜剪裁成 100 mm ×100 mm 小试样，再用镊子蘸丙酮，轻轻擦拭薄膜表面，放置在实验室干燥 30 min 以上。

(2) 等离子体处理仪器的准备：①预先用高压橡胶管把气体瓶出口与设备气体入口连接，夹紧橡胶管口夹圈；②打开工作气体瓶口减压阀；③打开蓝色电源开关；④打开“进气阀”，将实验样品放入真空反应室，关闭反应室盖板和全部真空阀门。

(3) 启动真空泵按钮(按钮上方标“泵 1 开、泵 2 开”)，抽真空至真空度 5 Pa 左右。

(4) 打开控阀1或控阀2,慢慢旋开流量计上流量1或流量2的调节阀,调节工作气体(Ar、O_2、空气等)进气量,并注意观察真空计,至真空计上显示的气压稳定至实验所需数值。

(5) 按下射频自动匹配器上标示"手动/自动"的绿色按钮,手动灯亮,调节匹配电容C1和C2的容量至180和760,调节好后,按下该绿色按钮至自动灯亮。

(6) 打开射频源开关,里面指示灯亮,缓慢旋转"功率旋转",观察功率计,至所需的功率。

(7) 按下开机和计时开关,电容C1和C2自动匹配,真空室气体起辉放电,实验样品开始处理(分别处理1 min、2 min、3 min、4 min、5 min)。

(8) 工作时间到,计时器报警,按下关机和计时按钮;然后分别关闭控阀1或控阀2,且关闭旋转流量计,关闭真空泵;打开放气阀门,慢慢放气,当反应室处于大气压后,再打开反应室盖板,取出实验样品。

(9) 检查真空系统"进气阀、控阀1、控阀2"是否全部关闭,重新开真空泵抽真空至2~3 Pa,维持真空室腔体一定的真空度。

(10) 关闭真空泵及总电源、气体瓶减压阀门。

2. 塑料薄膜的表面性能测试

(1) 表面接触角测试

接触角是界面张力的一种表现,与材料表面的化学基团和粗糙度紧密相关。高分子材料表面的润湿性可用水接触角来表征。水接触角越大,材料润湿性越差。水接触角越小,材料润湿性越好。分别用蒸馏水和α-溴萘测量LTP处理前后试样表面的静态接触角,每个试样测量5个不同的部位,结果取平均值。

(2) 表面能计算

接触角和固体基材的表面能之间的关系可通过下列Owens法表示:

$$\gamma_S = \gamma_S^D + \gamma_S^P, \quad \gamma_L = \gamma_L^D + \gamma_L^P \tag{6-1}$$

式中:γ_S为固体表面能,可以分解为色散力γ_S^D项和极性力γ_S^P项;γ_L为液体表面能,也可以分解为色散力γ_L^D项和极性力γ_L^P项。

使用两种测试液体,并测出液体在固体表面上的接触角θ_1、θ_2,获得如下的方程组:

$$\gamma_{L1}(1+\cos\theta_1) = 2(\gamma_S^D\gamma_{L1}^D)^{1/2} + 2(\gamma_S^P\gamma_{L1}^P)^{1/2} \tag{6-2}$$

$$\gamma_{L2}(1+\cos\theta_2) = 2(\gamma_S^D\gamma_{L2}^D)^{1/2} + 2(\gamma_S^P\gamma_{L2}^P)^{1/2} \tag{6-3}$$

由该方程组可以求出γ_S^D和γ_S^P,进而可以求出固体的表面能:

$$\gamma_S = \gamma_S^D + \gamma_S^P$$

水和α-溴萘的表面自由能的极性力和色散力如表6-2所列。

表 6-2　测试液体的表面能

液　体	γ_L^P	γ_L^D	γ_L	γ_L^P/γ_L^D	极　性
水	51.0	21.8	72.8	2.4	极性
α-溴萘	0.0	44.6	44.6	0.0	非极性

由表 6-2 可知，水和 α-溴萘两种液体的 γ_L^P/γ_L^D 值相差很远，符合计算表面能对测试液体的要求。

3. 塑料薄膜处理后的时效性

LTP 处理聚合物材料具有时效性，改性效果随时间延长而减弱。本实验选择 LTP 处理最佳工艺参数，将处理后的试样放置无尘室，测量其接触角及表面能，记录数据并分析其时效性。每隔 4 h，测试处理后的薄膜的接触角和表面能。

绘制处理后放置时间与接触角的关系。

4. 处理前后薄膜的剥离强度的测试（氟橡胶）

选择最佳 LTP 处理工艺参数处理热塑性薄膜的粘接面，将其与未经处理的同种薄膜粘接在一起，选用环氧 618 树脂作为胶粘剂、乙二胺作为固化剂，放置 24 h 后，根据《GB/T 2791—1995 胶粘剂 T 剥离强度实验方法　挠性材料对挠性材料》评价其改性后试样的剥离强度，剥离速率为（100±10） mm/min，剥离强度计算公式如下：

$$\sigma_\gamma = \frac{F}{B} \tag{6-4}$$

式中：σ_γ 为剥离强度，kN/m；F 为剥离力，N；B 为试样宽度，mm。

5. 实验记录

① 薄膜的处理气氛、处理功率、处理时间。

② 薄膜经处理后的表面特征（如颜色）变化。

③ 处理前后的接触角。

④ 处理后的时效性。

⑤ 处理后的剥离强度。

五、思考题

（1）物理改性和化学改性的优缺点对比。

（2）冷等离子体改性的机理。

（3）为何处理后的表面接触角具有明显的时效性？

（4）高分子材料粘接前表面处理方法有哪些？

实验五　水性环氧树脂涂料的研制

一、实验要求

（1）实验之前查阅文献资料，了解环氧树脂涂料的应用范围，以及现有的环氧树脂水性化方法，提出实验方案。

（2）根据方案制备水性环氧树脂涂料。

（3）考察水性环氧树脂涂料的稳定性，包括离心稳定性、冻融稳定性等。

（4）按照相关标准制备漆膜，测试漆膜硬度、附着力、光泽度、耐介质等相关性能。

（5）分析涂料制备工艺及助剂等对涂层性能影响的变化规律。

二、实验论证与答辩

1. 查阅文献资料

通过查阅文献资料，了解国内外研究、生产水性环氧树脂涂料的科技动态。

2. 实验立题报告的编写内容

① 论述环氧树脂涂料水性化的动态、社会效益与经济效益。

② 论述水性环氧树脂涂料的应用情况，以及与该项目相关的研究进展。

③ 实施该项目的具体方案、步骤、性能检测手段。

3. 实验方案论证答辩

在实验指导老师和同学们出席的答辩会上宣讲具体的实验方案，倾听修改意见，最终将完善后的实验方案交于实验指导老师审阅，批准后进行实验准备。

三、实验提示

1. 原　料

树脂：环氧树脂、脂肪胺、丙烯酸、苯乙烯、甲基丙烯酸甲酯、丙烯酸丁酯。

助剂：消泡剂、流平剂、润湿剂、抗闪锈剂、钛白粉、滑石粉、云母、蒙脱土、炭黑等。

2. 环氧树脂水性化技术

环氧树脂水乳液的常用制备方法可分为相反转法、自乳化法和固化剂乳化法。

（1）相反转法

利用相反转法将高分子树脂乳化为乳液，通过改变水相的体积，使聚合物由油包水状态转化为水包油状态。

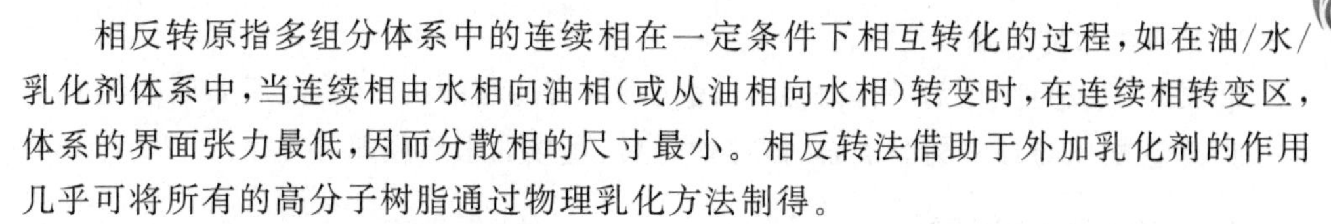

相反转原指多组分体系中的连续相在一定条件下相互转化的过程，如在油/水/乳化剂体系中，当连续相由水相向油相（或从油相向水相）转变时，在连续相转变区，体系的界面张力最低，因而分散相的尺寸最小。相反转法借助于外加乳化剂的作用几乎可将所有的高分子树脂通过物理乳化方法制得。

（2）自乳化法（化学改性法）

自乳化法是通过对环氧树脂分子进行改性，将离子基团或极性基团引入到环氧树脂分子的非极性链上，使它成为亲水亲油的两亲性聚合物，从而具有表面活性剂的作用。

在环氧树脂中，环氧基的存在使其具有较好的反应活性，因为环氧基为三元环，张力大，C、O 电负性的不同使环具有极性，容易受到亲核或亲电试剂进攻而发生开环反应；分子骨架上所悬挂的羟基虽然具有一定反应活性，但由于空间位阻，其反应程度较差。自乳化法就是利用环氧树脂中基团的反应活性将亲水性链段或基团引入到环氧树脂分子链段上，同时保证每个改性环氧树脂分子中有 2 个或 2 个以上环氧基，所得的改性环氧树脂不用外加乳化剂即能自行分散于水中形成乳液。其改性方法有酯化反应型、醚化反应型和接枝反应型。

1）酯化反应型

酯化反应型是氢离子先将环氧环极化，酸根离子再进攻环氧环，使其开环。

① 先使环氧树脂与不饱和脂肪酸酯化制成环氧酯，再用乙烯型不饱和二元羧酸或酸酐与环氧酯加成而引进羧基，最后经胺（碱）中和成盐。

② 二元羧酸（酐）和环氧树脂链上的羟基或环氧基发生反应引入羧基得阴离子环氧酯，然后用叔胺中和可得稳定的水分散体。

酯化法的缺点是酯化产物中的酯键会随时间增加而水解，导致体系不稳定。为避免这一缺点，可将含羧基单体通过形成碳碳键接枝于高相对分子质量的环氧树脂上。

2）醚化反应型

醚化反应型与酯化反应型不同，这一反应均是亲核试剂直接进攻环氧环上的 C 原子，目前的方法有以下几种：

① 将环氧树脂和对位羟基苯甲酸甲酯反应，再水解、中和。

② 将环氧树脂与巯基乙酸反应，再水解、中和。

③ 将对位氨基苯甲酸与环氧树脂反应，产物可稳定分散于合适的胺/水混合溶剂中。

3）接枝反应型

接枝反应型是通过自由基引发剂引发，丙烯酸接枝共聚将亲水组分引入环氧树脂，得到不易水解的水性化环氧树脂。一般接枝单体为甲基丙烯酸、苯乙烯、丙烯酸乙/丁酯，引发剂为过氧化苯甲酰（BPO），反应后加氨水中和制得水乳液。由于分子链中不存在酯基，最终可制得不易水解、性能稳定的水性乳液。

(3) 固化剂乳化法

将常用的胺类固化剂进行改性,使固化剂具有适当的疏水性,然后采用改性固化剂按照理论配比与环氧树脂混合,搅拌均匀后,直接加水稀释即可乳化。

四、结果与讨论

(1) 分析环氧树脂水性化稳定性影响因素。

(2) 分析配方中各个助剂对水性环氧树脂稳定性的影响。

(3) 分析各因素对水性环氧树脂涂料涂层性能的影响并总结规律。

(4) 与现有报道的水性环氧树脂涂料进行比较。

五、实验报告要求

(1) 简述实验的目的。

(2) 简述实验的原理。

(3) 简述实验的内容。

(4) 详述实验方案。

(5) 对实验结果进行分析和讨论。

(6) 对制备的水性环氧树脂涂料进行应用前景评估。

(7) 实验报告的撰写格式应符合统一规定,内容掌握力求翔实具体。

实验六　水性光固化涂料的研制

一、实验要求

(1) 实验之前查阅文献资料,了解光固化涂料的研究现状和树脂类型,以及现有的光固化树脂水性化方法,针对环氧丙烯酸酯或者聚氨酯丙烯酸酯的水性化提出实验方案,每3人1组,3～5组为一个完整系列,以方便对比分析不同结构对性能的影响。

(2) 根据方案制备水性光固化涂料。

(3) 考察水性光固化涂料的稳定性,包括离心稳定性、冻融稳定性和热储稳定性等。

(4) 按照相关标准制备固化漆膜,测试漆膜硬度、附着力、光泽度、耐介质等相关性能。

(5) 分析涂料合成配方、工艺及助剂等对涂层性能影响的变化规律。

二、实验论证与答辩

1. 查阅文献资料

通过查阅文献资料，了解国内外研究、生产光固化涂料、水性涂料以及水性光固化涂料的科技动态。

2. 实验预习报告的编写内容

(1) 论述光固化树脂的研究动态，以及水性化的必要性及其社会与经济效益。

(2) 论述水性光固化涂料的技术现状，以及与拟开展内容的相关研究进展。

(3) 实施该项目的具体方案、步骤、性能检测手段。

3. 实验方案论证答辩

在实验指导老师、研究生和同学们出席的答辩会上宣讲具体的实验方案，倾听修改意见，最终将完善后的实验方案交于实验指导老师审阅，批准后进行实验准备。

三、实验提示

1. 原　料

树脂：环氧树脂、聚酯二元醇、聚醚二元醇、异氟尔酮二异氰酸酯、二羟甲基丙酸、丙烯酸、邻苯二甲酸酐、丙烯酸羟乙酯、丙烯酸羟丙酯、甲基丙烯酸羟乙酯。

溶剂：丙酮、乙醇、丙二醇甲醚、正丁醇等。

光引发剂：1173、184 等。

助剂：消泡剂、流平剂、润湿剂、抗闪锈剂、钛白粉、滑石粉、云母、蒙脱土、炭黑等。

2. 光固化涂料水性化技术

水性光固化涂料的常用制备方法可分为相反转法、自乳化法，本实验建议采用自乳化实验方案。

(1) 相反转法

利用相反转法将油性光固化树脂乳化为乳液，通过改变水相的体积，使聚合物由油包水状态转化为水包油状态。

相反转法原指多组分体系中的连续相在一定条件下相互转化的过程，如在油/水/乳化剂体系中，当连续相由水相向油相(或从油相向水相)转变时，在连续相转变区，体系的界面张力最低，因而分散相的尺寸最小。相反转法借助于外加乳化剂的作用几乎可将所有的光固化树脂通过物理乳化方法制成水性光固化。

(2) 自乳化法(化学改性法)

自乳化法是在合成过程中在环氧丙烯酸酯或者聚氨酯丙烯酸酯中引入离子基团或极性基团，使它成为亲水亲油的两亲性聚合物，从而具有表面活性剂的作用。

在环氧丙烯酸酯中可以利用侧基的羟基进行改性引入离子基团或极性基团，或者利用环氧的活泼氢进行链转移聚合接枝聚丙烯酸树脂引入离子基团。

聚氨酯丙烯酸酯则在聚氨酯合成过程中引入亲水链段（聚乙二醇），或者在侧基上引入羧酸进而中和成盐，所制备的亲水亲油树脂高速剪切乳化，最后得到稳定的分散体。

1）环氧丙烯酸酯

酸酐改性：先使环氧树脂与丙烯酸或者甲基丙烯酸开环制成环氧丙烯酸酯，再用酸酐接枝改性侧基的羟基引入羧酸基团，进而中和成盐引入离子基团，在不同条件下乳化。该方法工艺简单，但酯基不耐水解，因此制得的分散体和固化漆膜稳定性较差。

接枝聚合：通过自由基引发剂引发，丙烯酸接枝共聚将亲水组分引入环氧树脂，得到不易水解的水性化环氧树脂。一般接枝单体为甲基丙烯酸、苯乙烯、丙烯酸乙/丁酯，引发剂为过氧化苯甲酰（BPO），聚合反应后采用丙烯酸开环环氧引入丙烯酸双键，反应后加胺中和乳化。由于分子链中不存在酯基，最终可制得不易水解、性能稳定的水性乳液。

2）聚氨酯丙烯酸酯

非离子型：在聚氨酯合成中引入不同长度的聚乙二醇亲水软段，提高聚氨酯的亲水性，再利用丙烯酸羟乙酯或者甲基丙烯酸羟乙酯封端引入丙烯酸双键，在不同条件下乳化。该方法工艺简单，但聚乙二醇亲水段的过多引入会恶化固化漆膜的耐介质性能，特别是耐水性能。

阴离子型：在聚氨酯合成中引入亲水扩链剂二羟甲基丙酸/二羟甲基丁酸，再利用单羟基丙烯酸酯单体封端引入丙烯酸双键，反应后加胺中和乳化。本类型制备的聚氨酯热储稳定性稍差，但固化漆膜整体性能优异。

阳离子型：在聚氨酯合成中引入亲水扩链剂 N－甲基二乙醇胺，再利用单羟基丙烯酸酯单体封端引入丙烯酸双键，反应后加酸中和乳化。本类型制备的聚氨酯热储稳定性稍差，但固化漆膜整体性能优异。该方法合成过程工艺性较差。

四、结果与讨论

（1）小组单独分析合成、乳化过程及现象，并结合文献加以探讨。

（2）小组单独及大组共享数据分析光固化涂料水性化稳定性影响因素。

（3）小组单独分析喷涂工艺和光固化过程的影响因素。

（4）大组共享数据分析水性光固化涂料性能的影响因素并总结规律。

（5）小组单独与现有报道的水性光固化涂料进行比较。

五、实验报告要求

（1）简述实验目的。

(2) 简述实验原理。

(3) 简述实验内容。

(4) 详述实验方案。

(5) 对实验结果进行分析和讨论。

(6) 对制备的水性光固化涂料进行应用前景评估。

(7) 实验报告的撰写格式应符合统一规定,内容掌握力求翔实具体。

实验七　玻璃纤维增强热固性树脂复合材料的制备及光固化修补

一、实验目的

(1) 掌握手糊成型工艺的基本原理和操作过程。

(2) 熟悉裁剪玻璃布和铺层技术的要点。

(3) 掌握不饱和聚酯固化体系的配制及设计。

(4) 熟练测试复合材料的力学性能。

(5) 掌握复合材料光固化修补技术的原理和操作过程。

二、实验原理

玻璃纤维增强热固性树脂复合材料(GFRP)以其轻质、高强、高模、耐腐蚀以及可设计性好而广泛应用于航空、宇航、体育以及汽车工业等领域。常用的热固性树脂基体主要有环氧树脂、不饱和聚酯以及酚醛树脂等,其中玻璃纤维增强不饱和聚酯是GFRP中应用最广泛的一种,不仅大量用于民用领域,而且还广泛应用于航空雷达天线罩和高频数字印刷线路板等领域。

目前,手糊成型工艺是制备玻璃纤维增强热固性树脂复合材料的主要工艺之一,这种成型方法的特点是设备简单,适合于多品种、小批量生产,尤其是适合于生产形状复杂的航空结构件,因此学生掌握手糊成型工艺技术非常有必要。此外,在学生掌握制备工艺的基础上,还需要进一步了解复合材料光固化修补技术,该技术具有固化速度快,操作简单以及温度低等特点。

本实验采用不饱和聚酯树脂浸渍玻璃布,通过手糊成型工艺将其铺敷在玻璃板模具上制作复合材料制品。在树脂固化后,将制品从玻璃板模具上脱模,得到玻璃纤维增强热固性树脂复合材料,并对其力学性能进行测试。采用环氧丙烯酸树脂和玻璃布等材料制备光固化复合材料补片,通过光固化技术对基材进行修补,并对修补效果进行评价。

三、实验材料及仪器

(1) 原材料：191# 树脂、环氧丙烯酸树脂、玻璃布、引发剂、活性稀释剂、促进剂等。

(2) 实验工具：毛刷、玻璃板、薄膜、刮刀、剪刀、烧杯等。

(3) 主要仪器：天平、万能电子拉力机、光固化仪。

四、实验内容

1. 复合材料的制备

(1) 玻璃布裁剪

预算玻璃布的层数，并按照设计要求用剪刀将玻璃布裁剪成一定尺寸待用。

(2) 模具准备

将玻璃平板表面洗刷干净、干燥，并在不饱和聚酯与玻璃平板接触面铺上塑料薄膜作为脱模剂。为了避免塑料薄膜在手糊过程中移动，可用透明胶布将其固定在玻璃板上。

(3) 手糊成型操作

① 首先将 1～2 层玻璃布铺放在玻璃板的塑料薄膜上，然后将引发剂与不饱和聚酯树脂按比例配合均匀，再加入促进剂，搅匀后马上淋浇在玻璃布上，并用刮刀、毛刷迫使树脂浸入玻璃布并排出气泡(不要用力涂刷，以免玻璃布移动)。

② 待树脂均匀浸透玻璃布后，铺放下一层玻璃布，并立即涂刷不饱和聚酯树脂，一般树脂含量约为 50%。重复上述操作直到铺层数达到要求。在手糊成型操作时要注意不同层间的玻璃布接缝要错开位置，每层之间都不应该有明显的气泡(即气泡直径不超过 1 mm)。手糊完毕后，可将一层塑料薄膜铺放在复合材料制品上并盖上一块玻璃平板，再用漆辊将其压实。

③ 手糊完毕后将复合材料制品放置一段时间以完成固化，待制品达到一定强度后才可脱模，这个强度既要保证脱模操作能够顺利进行，同时又要保证制品在脱模过程中其形状和使用强度不会受到影响。固化时间主要与温度有关，通常室温在 15～25 ℃时需放置 24 h 才可脱模；室温在 30 ℃以上时放置 10 h 方可脱模；室温低于 15 ℃时则需要加热升温固化后再脱模。

④ 复合材料制品脱模后，按设计尺寸要求去除多余部分，并进行美化装饰。

(4) 自我质量评定

观察复合材料制品表面是否光滑平整，是否有明显的气泡和分层，并确定制品尺寸是否符合设计要求。

2. 复合材料的光固化修补

(1) 制备光固化复合材料补片

按照设计要求用剪刀对玻璃布进行裁剪，并将其浸泡在由环氧丙烯酸树脂、活性

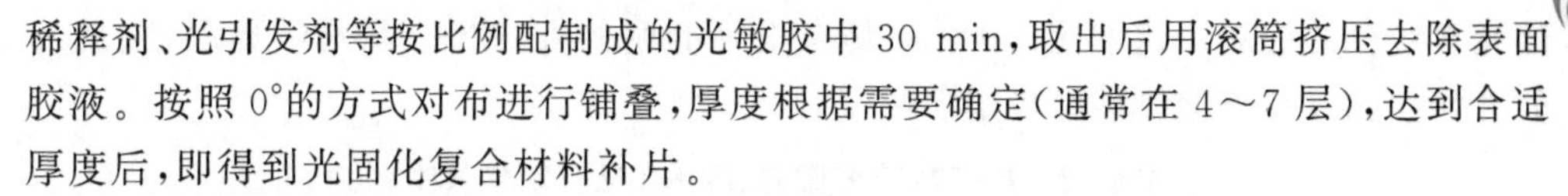

稀释剂、光引发剂等按比例配制成的光敏胶中 30 min,取出后用滚筒挤压去除表面胶液。按照 0°的方式对布进行铺叠,厚度根据需要确定(通常在 4～7 层),达到合适厚度后,即得到光固化复合材料补片。

(2) 光固化修补操作

选取两块制作好的复合材料板作为基材并对修补面进行打磨处理,然后将光固化复合材料补片粘贴在修补面上,用光固化仪在距离补片 70～80 mm 处进行辐射固化,照射时间在 10～20 min。对修补后的复合材料制品进行拉伸性能测试,并与原始复合材料制品进行对比,对修补效果进行评价。

3. 复合材料的性能测试

(1) 拉伸性能测试,实验方法参照《GB 1446—2005》。

(2) 冲击性能测试,实验方法参照《GB 1451—2005》。

五、思考题

(1) 在手糊成型工艺中树脂凝胶时间过短或过长,对制品质量将产生什么影响?

(2) 分析本实验手糊复合材料制品缺陷的形成原因及防治方法。

(3) 复合材料光固化修补对材料有什么要求?如何评价光固化修补效果?

实验八 特种橡胶的硫化成型及其耐高温航空介质特性实验

一、实验目的

(1) 了解航空航天常用的特种橡胶(硅橡胶、氟橡胶、氟硅橡胶、三元乙丙橡胶)的品种及其物理力学性能特征。

(2) 了解特种橡胶的硫化工艺。

(3) 掌握氟橡胶 F-275 的物理力学性能和硫化工艺。

(4) 了解航空介质(航空燃油、润滑油,化学介质)的特征,以及耐热氧老化特征。

二、实验原理

1. 特征橡胶的特性及其应用

氟橡胶(FKM)是指主链或侧链上的 C 原子上接有电负性极强的 F 原子的一种合成弹性体(其组成和配比见表 6-3)。由于 C—F 键能大(485 kJ/mol),而且 F 原子共价半径为 0.064 nm,相当于 C—C 键长的一半,因此 F 原子可以把 C—C 主链很好地屏蔽起来,保证了 C—C 链的稳定性,使它具有其他橡胶不可比拟的优异性能。同时,由于分子中 F 原子的存在,增加了 C—C 键的能量,也提高了氟化碳原子与别的元素结合的键能。这就使得 FKM 具有很好的耐候性、耐油、耐化学药品性、良好的力学性能以及电绝缘性和抗辐射性等。

表 6-3 F-275 橡胶配方、混炼工艺及硫化条件

原料名称	质量分数/%
氟 26-41（M：20 万）	85
氟 26-41（M：10 万）	15
MgO	12
$Ca(OH)_2$	3
喷雾炭黑	10
CaF_2	20
N,N′肉桂叉-1,6 己二胺(3#)	2.5

注：硫化条件：一段为(160±3) ℃×20 min；二段为 1 号条件。

混炼工艺：胶料压合 — MgO — 炭黑 — $Ca(OH)_2$、CaF_2 — 3# 硫化剂—薄通下片。

吸酸剂：$Ca(OH)_2$；3# 硫化剂：N,N′肉桂叉—1,6 己二胺(3#)；补强填充剂：喷雾炭黑；无机填料：CaF_2。

FKM 具有以下优异性能：耐高温性。目前，弹性体中 FKM 的耐高温性是最好的，可在 250 ℃环境下长期使用，短时间使用温度可达 300 ℃，FKM 使用的极限温度为 300 ℃。

特种橡胶具有优异的综合性能，它不仅有很好的力学性能，还有很好的耐高温、耐介质性等，正由于这些特殊的性能使得 FKM 的应用范围非常广泛。例如，FKM 主要应用在航空、航天、石油、化工、汽车、船舶、机械、电子、半导体等工业部门，并且在各行各业都占据着重要的地位。

特种胶在航空、航天和真空方面的应用。美国军事工业对提高材料耐热性和耐化学药品性的需求，促使开发了当今的 FKM。随着喷气式飞机的应用，FKM 成为了相应设备上的密封件，主要应用在发动机润滑油、燃油、脂类液压油接触的部件上。例如，在阿波罗登月计划中，胶管、氧气面罩、鞋底等一系列零部件均是由 FKM 制作的。

FKM 有很好的致密性，在真空(200～250 ℃)下，密封可靠、使用寿命长，还能保持很好的力学性能，因此，真空系统使用的真空密封件经常由 FKM 来完成。

2. 氟橡胶的耐介质稳定性和老化性质

氟橡胶具有优异的耐油、耐化学稳定性。FKM 具有很好的耐化学稳定性，相比其他品种的橡胶，FKM 是耐介质性最好的橡胶。一般来说，它在各种有机液体、浓酸、高浓度 H_2O_2 和其他强氧化剂中的稳定性优于其他各种品种的橡胶，比较结果如表 6-4 和表 6-5 所列。

表 6-4 氟橡胶对各种介质的稳定性

介 质	浸泡条件		浸泡后性能	
	时间/d	温度/℃	拉伸强度保持率/%	体积膨胀率/%
汽油	7	24	96	1.3
重煤油	7	24	—	4.0
重煤油	28	70	94	—
橄榄油	7	24	—	4.0
苯胺	7	24	100	3.0
丙酮	7	150	—	9.2
丙烯腈	7	50	100	3.0
60%硝酸	7	24	—	4.4
60%硫酸	28	121	90	10.0
37%盐酸	7	24	—	1.5
30%苛性钠溶液	7	24	—	0.2

表 6-5 F-275 耐介质性老化

介 质	温度/℃	时间/h	P_{TS}/%	P_E/%	ΔH_A/(°)	Δm/%	ΔV/%
RP-2	150	72	−3	+10	+2	—	—
	150	144	−5	−1	−1	—	5.2
	150	24	—	—	—	2.6	8.9
HP-8	150	24	—	—	—	—	1.1
	150	72	+1	+12	+3	—	—
	150	144	+5	−3	0	0.5	0.5
4109 合成油	180	24	—	—	—	—	11.6
	180	72	−24	−14	−2	—	—
	180	144	−48	+44	−6	7.9	16.1

三、实验材料及其主要仪器

实验材料：厚度为 2～2.2 mm 的 F-275 氟橡胶混炼胶，实验四中已经处理的热塑性塑料薄膜(LDPE、PTFE，或聚酯薄膜)，chemlok 胶粘剂，不锈钢回形针(用于悬挂试样)。

实验仪器及模具：热空气老化箱，密封罐见图 6-6，硫化模具的结构示意图如图 6-7 所示。

图 6-6　耐油老化实验密封罐

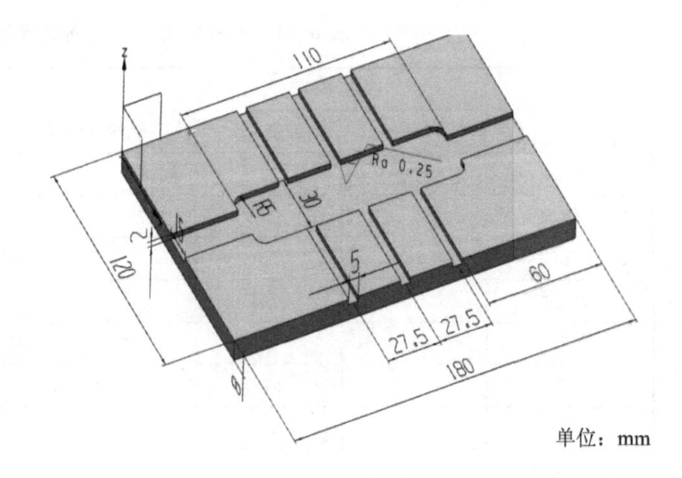

图 6-7　F-275 的硫化模具结构示意图

四、实验内容

1. F-275 橡胶的薄通、出片

将 2～2.2 mm 厚的 F-275 氟橡胶混炼胶在双辊炼胶机上再反复捏合、薄通出片，薄片厚度约 2 mm。

2. 包覆 PTFE 改性 F-275 试样的制备

按图 6-8 所示的形状将处理后的 PTFE 薄膜涂胶，F-275 氟橡胶薄膜涂胶，放置在图 6-7 所示的模具中，进行一段硫化。

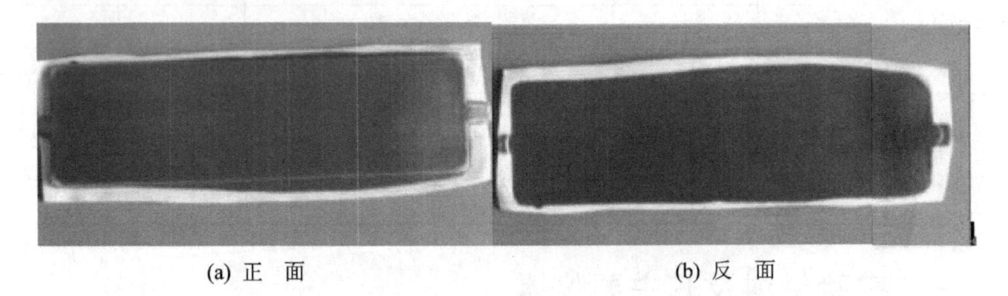

(a) 正　面　　　　(b) 反　面

图 6-8　包覆改性的 F-275 试样正反面结构示意图

3. F-275 橡胶试样或覆膜试样的硫化

F-275 的硫化需分两阶段进行：一段硫化和二段硫化。

一段硫化：目的是通过平板硫化机的压力、温度作用，使氟橡胶达到一定程度的交联，起定型作用，其硫化条件是：压力为 10 MPa，温度为 160 ℃，时间为 20 min。

二段硫化：是在电热鼓风恒温箱中进行，使低分子物质（HF、H_2O、CO_2 以及过氧化物分解产物等）逸出，达到充分交联，以提高其物理力学性能。硫化条件为：

$$室温\ 100\ ℃\xrightarrow{20\ min}150\ ℃\xrightarrow{1\ h}200\ ℃\xrightarrow{1\ h}250\ ℃\times 5\ h$$

4. F-275 橡胶的高温介质性能实验

将 2 种硫化试样按图 6-9 所示的悬挂方法，置于温度为 120 ℃的热空气老化箱(或航空煤油等介质)中，老化 2 h 后，取出试样，测试其拉伸性能变化。

图 6-9　F-275 试样悬挂情况照片

五、思考题

(1) 对比分析覆膜 F-275 和 F-275 的耐老化特性。

(2) 为何处理后的表面接触角具有明显的时效性?

(3) 高分子材料粘接前表面处理方法有哪些?

实验九　聚多巴胺薄膜的沉积及诱导生长氧化钛

一、实验目的

(1) 了解多巴胺和聚多巴胺的结构及相应的化学性能。

(2) 通过实验掌握溶液沉淀法制备聚多巴胺薄膜。

(3) 熟悉利用液相沉积法在聚多巴胺薄膜表面生长氧化钛薄膜的方法。

(4) 掌握静态接触角的测试原理，并掌握光学显微镜的使用方法。

二、实验原理

聚多巴胺(Polydopamine，PDA)作为一种多聚物材料近年来受到广泛关注和研究，它既有多聚物材料可塑性强、轻质、耐腐蚀以及绝缘等优点，同时又具有在任意固体材料表面成膜的特性，使其成为表面修饰领域应用最为广泛的多聚物材料之一。

当前，此种材料已广泛应用于化学催化、光催化、生物、农业、电分析、医药、能源等众多热门领域。聚多巴胺是由多巴胺氧化生成的多聚物，多巴胺的学名为 4 -(2 -乙胺基)- 1，2 -苯二酚(化学式为 $C_8H_{11}O_2N$)，是一种神经信号传递介质，能够给人带来快乐和兴奋的感受。其结构式如图 6 - 10 所示。

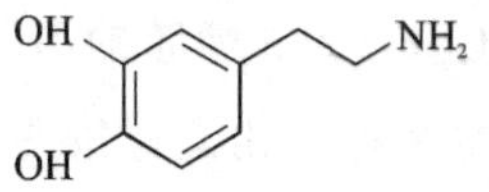

图 6 - 10　多巴胺的结构式

经过一系列较为复杂的反应(氧化、分子内环化和异构化)，最终生成 5，6 -二羟基吲哚(5，6 - dihydroxyindole)，进一步加成、叠加以及组合，最终形成聚多巴胺。聚多巴胺能够在各种基底表面牢固附着，其表面含有邻二酚羟基和氨基等活性官能团，能够进行下一步的衍生修饰反应来制备多功能涂层，且方法简便、高效，形成的涂层稳固。基于此，本实验利用聚多巴胺含有的邻二酚羟基能够作为配体与金属离子发生螯合这一特点，来促进 TiO_2 前躯体水溶液氟钛酸铵($(NH_4)_2TiF_6$)的成核、生长，在固体基底表面制备氧化钛薄膜。

三、实验仪器和原材料

仪器(或耗材)：载玻片、200 mL 烧杯、100 mL 量筒、250 mL 容量瓶、封口膜、称量电子秤、玻璃搅拌棒、静态接触角测试仪、光学显微镜。

原材料：多巴胺(PDA)、过硫酸铵、氟钛酸铵$(NH_4)_2TiF_6$、H_3BO_3、NaOH、PBS 缓冲液、丙酮、乙醇、去离子水。

四、实验内容

1. 聚多巴胺薄膜的制备

本实验室采用普通载玻片作为固体基底，将载玻片用玻璃刀裁成 2 cm×2.5 cm 大小，并依次在丙酮、乙醇、超纯水中超声清洗 10 min(无需干燥)。随后，称取多巴胺、过硫酸铵溶于 0.1 M 的 PBS 溶液中，溶液中多巴胺的浓度为 1 mg/mL，过硫酸铵的浓度为 1.73 mg/mL，将清洗好的玻璃片垂直置于新鲜配置的该溶液中，静置反应 3.5 h，取出，水洗，玻璃片表面形成一层聚多巴胺(PDA)薄膜。

2. 二氧化钛薄膜的制备

配置含有 0.1 mol/L$(NH_4)_2TiF_6$、0.3 mol/L H_3BO_3 的混合溶液，将上面处理好的具有聚多巴胺涂层的玻璃片浸泡于该混合溶液中，室温(25～35 ℃)下反应 3 h，随后依次用去离子水、0.1 mol/L NaOH 溶液清洗，最后再次用去离子水清洗，吹干。

3. 氧化钛薄膜性能表征

(1) 接触角测试，利用静态接触角测试仪分别对原始玻璃片、聚多巴胺改性玻璃片、氧化钛薄膜玻璃片进行表面接触角测试，每个样片测试三次，取平均值，并计算误差。

(2) 表面形貌观察，利用光学显微对样片表面形貌进行观察，并保存相应数据。

五、思考题

(1) 聚多巴胺薄膜形成的原理是什么?

(2) 影响二氧化钛薄膜形态的因素有哪些?

六、实验报告要求

(1) 简述实验的目的。

(2) 简述实验的原理。

(3) 列出实验的配方。

(4) 简述各实验步骤。

(5) 对实验结果和实验中出现的现象及实验成功、失败的原因进行分析。

(6) 实验报告的撰写格式应符合统一规定，内容力求翔实具体。

附　　录

附录Ⅰ　实验要求

实验要求如下：

(1) 实验室是培养学生理论联系实际、分析和解决问题的能力，并养成科学作风的重要场所，爱护实验室是科学道德的一部分。

(2) 学生进入实验室后认真填写仪器使用登记表，自觉遵守实验室的各种规章制度，严禁在实验室内抽烟、饮食、打闹。

(3) 实验前须认真阅读实验课教材和实验指导书，做到有准备，不预习者不得开始实验。

(4) 学生在教师指导下严格按仪器操作规程进行实验，在规定时间内进行指定内容的实验，如实记录实验数据。

(5) 实验中注意人身安全，一旦出现异常情况要及时向指导教师报告。

(6) 实验中注意节约，不准将实验物品私自带出实验室外。

(7) 必须听从指导教师安排，违反规定不听劝阻者，教师酌情批评，直至停止其实验。

附录Ⅱ　实验室安全守则

(1) 在高分子材料实验室进行防火、防人身事故的教育是正常工作不可缺少的重要部分。

(2) 有刺激性或有毒气体的实验，应在通风橱内进行。嗅闻气体时，应用手轻拂气体，把少量气体煽向自己再闻，不能将鼻孔直接对瓶口。含有易挥发和易燃物质的实验，必须远离火源，最好在通风橱内进行。易燃、易爆化学物质应远离明火及高温场地存放。

(3) 高分子实验室使用的有机溶剂大多都易燃，如乙醚、石油醚、乙醇、甲醇、丙酮、四氢呋喃、乙酸乙酯等，在使用时应在通风环境好的情况下进行，不可用敞口容器放置或加热。

(4) 对于加热、生成气体的反应，反应体系不能封闭。反应前，一定要检查玻璃仪器有无裂痕，磁力搅拌子是否完好，装置是否正确稳妥。

(5) 试剂标签上均标明其是否易燃易爆或者有毒性以及注意事项，在使用前，建议仔细看标签。对于醚类溶剂，如果生产时间较长，或者久置不用的话，一定不要震动，同时要加入还原剂，除掉生成的过氧化合物。蒸馏乙醚和四氢呋喃时，千万不要蒸干，否则浓集过氧化物，会受热爆炸。

(6) 废试剂应倒入废液桶，酸、碱、氧化试剂和还原试剂等应分开放置，不能随便倒入水池。

(7) 使用易燃或助燃气体如氢气、氧气等时，要在通风好的情况下进行，严禁明火，远离热源或者能产生火花的地方。

(8) 所有药品必须贴有明显的标签，对分装的药品在容器标签上要注明名称、规格、浓度和日期。对字迹不清的标签要及时更换，对过期失效和没有标签的药品不准使用，并要进行妥善处理，不可随便乱扔，以免引起严重后果。

(9) 无机试剂、有机试剂、有机溶剂、活性物质及腐蚀性物质要分开存放，有机溶剂根据它们的组成和性质分类存放，如醇类有机溶剂、芳烃类有机溶剂等。特殊试剂，如检测试剂、指示剂等，可以按用途归类存放。使用完毕后，及时放回原处。实验室不得大量存放易燃易爆试剂，如乙醚等。

(10) 严禁在实验室及其周围环境吸烟及使用一切明火。禁止在实验室内喝水、吃东西，保持实验室整洁、安静，禁止打闹。

(11) 实验室一旦发生火灾，切勿盲目自救，应及时呼喊通知实验室其他人，切断火源和电源，移开易燃易爆物品，并尽快使用沙土、灭火毯以及灭火器等进行灭火。

(12) 实验过程必须穿专用的工作服，接触有毒有害药品时要佩戴防护手套，防止有毒有害药品直接接触皮肤带来身体损伤。进出实验室要换外衣，以免有毒害药品带出实验室危害他人健康。

(13) 认真、小心地操作机械设备，防止机械碰伤和机件及模具损伤。

(14) 实验完毕，应将各种仪器开关旋回初始位置。将实验台面整理干净，洗净双手，关闭水、电、气等阀门，教师检查合格者后再离开实验室。

附录Ⅲ　常用溶剂的沸点、溶解性和毒性

表Ⅲ-1　常用溶剂的沸点、溶解性和毒性

溶剂名称	沸点/℃ (101.3 kPa)	溶解性	毒　性
液氨	−33.35	特殊溶解性：能溶解碱金属和碱土金属	剧毒性、腐蚀性
液态二氧化硫	−10.08	溶解胺、醚、醇苯酚、有机酸、芳香烃、溴、二硫化碳，多数饱和烃不溶	剧毒

续表Ⅲ-1

溶剂名称	沸点/℃ (101.3 kPa)	溶解性	毒 性
甲胺	−6.3	是多数有机物和无机物的优良溶剂,液态甲胺与水、醚、苯、丙酮、低级醇混溶,其盐酸盐易溶于水,不溶于醇、醚、酮、氯仿、乙酸乙酯	中等毒性,易燃
二甲胺	7.4	是有机物和无机物的优良溶剂,溶于水、低级醇、醚、低极性溶剂	强烈刺激性
石油醚	—	不溶于水,与丙酮、乙醚、乙酸乙酯、苯、氯仿及甲醇以上高级醇混溶	与低级烷相似
乙醚	34.6	微溶于水,易溶于盐酸,与醇、醚、石油醚、苯、氯仿等多数有机溶剂混溶	麻醉性
戊烷	36.1	与乙醇、乙醚等多数有机溶剂混溶	低毒性
二氯甲烷	39.75	与醇、醚、氯仿、苯、二硫化碳等有机溶剂混溶	低毒,麻醉性强
二硫化碳	46.23	微溶于水,与多种有机溶剂混溶	麻醉性,强刺激性
溶剂石油脑		与乙醇、丙酮、戊醇混溶	较其他石油系溶剂大
丙酮	56.12	与水、醇、醚、烃混溶	低毒性,类乙醇,但毒性大于乙醇
1,1-二氯乙烷	57.28	与醇、醚等大多数有机溶剂混溶	低毒、局部刺激性
氯仿	61.15	与乙醇、乙醚、石油醚、卤代烃、四氯化碳、二硫化碳等混溶	中等毒性,强麻醉性
甲醇	64.5	与水、乙醚、醇、酯、卤代烃、苯、酮混溶	中等毒性,麻醉性
四氢呋喃	66	优良溶剂,与水混溶,能很好地溶解乙醇、乙醚、脂肪烃、芳香烃、氯化烃	吸入微毒,经口低毒
己烷	68.7	甲醇部分溶解,比乙醇高的醇、醚丙酮、氯仿混溶	低毒,麻醉性,刺激性
三氟代乙酸	71.78	与水、乙醇、乙醚、丙酮、苯、四氯化碳、己烷混溶,溶解多种脂肪族,芳香族化合物	
1,1,1-三氯乙烷	74.0	与丙酮、甲醇、乙醚、苯、四氯化碳等有机溶剂混溶	低毒类溶剂
四氯化碳	76.75	与醇、醚、石油醚、石油脑、冰醋酸、二硫化碳、氯代烃混溶	在氯代甲烷中,毒性最强。因为氯代甲烷有一氯甲烷、二氯甲烷、三氯甲烷、四氯化碳四种

续表Ⅲ-1

溶剂名称	沸点/℃（101.3 kPa）	溶解性	毒　性
乙酸乙酯	77.112	与醇、醚、氯仿、丙酮、苯等大多数有机溶剂溶解，能溶解某些金属盐	低毒，麻醉性
乙醇	78.3	与水、乙醚、氯仿、酯、烃类衍生物等有机溶剂混溶	微毒类，麻醉性
丁酮	79.64	与丙酮相似，与醇、醚、苯等大多数有机溶剂混溶	低毒，毒性强于丙酮
苯	80.10	难溶于水，与甘油、乙二醇、乙醇、氯仿、乙醚、四氯化碳、二硫化碳、丙酮、甲苯、二甲苯、冰醋酸、脂肪烃等大多有机物混溶	强烈毒性
环已烷	80.72	与乙醇、高级醇、醚、丙酮、烃、氯代烃、高级脂肪酸、胺类混溶	低毒，中枢抑制作用
乙腈	81.60	与水、甲醇、乙酸甲酯、乙酸乙酯、丙酮、醚、氯仿、四氯化碳、氯乙烯及各种不饱和烃混溶，但是不与饱和烃混溶	中等毒性，大量吸入蒸气引起急性中毒
异丙醇	82.40	与乙醇、乙醚、氯仿、水混溶	微毒，类似乙醇
1,2-二氯乙烷	83.48	与乙醇、乙醚、氯仿、四氯化碳等多种有机溶剂混溶	高毒性、致癌
乙二醇二甲醚	85.2	溶于水，与醇、醚、酮、酯、烃、氯代烃等多种有机溶剂混溶。能溶解各种树脂，还是二氧化硫、氯代甲烷、乙烯等气体的优良溶剂	吸入和经口低毒
三氯乙烯	87.19	不溶于水，与乙醇、乙醚、丙酮、苯、乙酸乙酯、脂肪族氯代烃、汽油混溶	有机有毒品
三乙胺	89.6	水：18.7 ℃以下混溶，以上微溶。易溶于氯仿、丙酮，溶于乙醇、乙醚	易爆，皮肤黏膜刺激性强
丙腈	97.35	溶解醇、醚、DMF、乙二胺等有机物，与多种金属盐形成加成有机物	高毒性，与氢氰酸相似
庚烷	98.4	与己烷类似	低毒，刺激性、麻醉性
水	100	略	略
硝基甲烷	101.2	与醇、醚、四氯化碳、DMF等混溶	麻醉性，刺激性
1,4-二氧六环	101.32	能与水及多数有机溶剂混溶，溶解能力很强	微毒，强于乙醚2～3倍
甲苯	110.63	不溶于水，与甲醇、乙醇、氯仿、丙酮、乙醚、冰醋酸、苯等有机溶剂混溶	低毒类，麻醉作用

续表Ⅲ-1

溶剂名称	沸点/℃ (101.3 kPa)	溶解性	毒　性
硝基乙烷	114.0	与醇、醚、氯仿混溶,溶解多种树脂和纤维素衍生物	局部刺激性较强
吡啶	115.3	与水、醇、醚、石油醚、苯、油类混溶。能溶多种有机物和无机物	低毒,皮肤黏膜刺激性强
4-甲基-2-戊酮	115.9	能与乙醇、乙醚、苯等大多数有机溶剂和动植物油相混溶	毒性和局部刺激性较强
乙二胺	117.26	溶于水、乙醇、苯和乙醚,微溶于庚烷	刺激皮肤、眼睛
丁醇	117.7	与醇、醚、苯混溶	低毒,大于乙醇3倍
乙酸	118.1	与水、乙醇、乙醚、四氯化碳混溶,不溶于二硫化碳及C_{12}以上高级脂肪烃	低毒,浓溶液毒性强
乙二醇一甲醚	124.6	与水、醛、醚、苯、乙二醇、丙酮、四氯化碳、DMF等混溶	低毒
辛烷	125.67	几乎不溶于水,微溶于乙醇,与醚、丙酮、石油醚、苯、氯仿、汽油混溶	低毒性,麻醉性
乙酸丁酯	126.11	优良的有机溶剂,广泛应用于医药行业,还可以用作萃取剂	一般条件毒性不大
吗啉	128.94	溶解能力强,超过二氧六环、苯和吡啶,与水混溶,溶解丙酮、苯、乙醚、甲醇、乙醇、乙二醇、2-己酮、蓖麻油、松节油、松脂等	腐蚀皮肤,刺激眼和结膜,蒸气引起肝肾病变
氯苯	131.69	能与醇、醚、脂肪烃、芳香烃和有机氯化物等多种有机溶剂混溶	毒性低于苯,损害中枢系统
乙二醇一乙醚	135.6	与乙二醇一甲醚相似,但是极性小,与水、醇、醚、四氯化碳、丙酮混溶	低毒性,二级易燃液体
对二甲苯	138.35	不溶于水,与醇、醚和其他有机溶剂混溶	一级易燃液体
二甲苯	138.5～141.5	不溶于水,与乙醇、乙醚、苯、烃等有机溶剂混溶,乙二醇、甲醇、2-氯乙醇等极性溶剂部分溶解	一级易燃液体,低毒
间二甲苯	139.10	不溶于水,与醇、醚、氯仿混溶,室温下溶解乙腈、DMF等	一级易燃液体
醋酸酐	140.0	—	—
邻二甲苯	144.41	不溶于水,与乙醇、乙醚、氯仿等混溶	一级易燃液体
N,N-二甲基甲酰胺	153.0	与水、醇、醚、酮、不饱和烃、芳香烃等混溶,溶解能力强	低毒

续表Ⅲ-1

溶剂名称	沸点/℃ (101.3 kPa)	溶解性	毒　性
环己酮	155.65	与甲醇、乙醇、苯、丙酮、己烷、乙醚、硝基苯、石油脑、二甲苯、乙二醇、乙酸异戊酯、二乙胺及其他多种有机溶剂混溶	低毒，有麻醉性，中毒几率比较小
环己醇	161	与醇、醚、二硫化碳、丙酮、氯仿、苯、脂肪烃、芳香烃、卤代烃混溶	低毒，无血液毒性，刺激性
N,N-二甲基乙酰胺	166.1	溶解不饱和脂肪烃，与水、醚、酯、酮、芳香族化合物混溶	微毒
糠醛	161.8	与醇、醚、氯仿、丙酮、苯等混溶，部分溶解低沸点脂肪烃，无机物一般不溶	有毒，刺激眼睛，催泪
N-甲基甲酰胺	180～185	与苯混溶，溶于水和醇，不溶于醚	一级易燃液体
苯酚 (石炭酸)	181.2	溶于乙醇、乙醚、乙酸、甘油、氯仿、二硫化碳和苯等，难溶于烃类溶剂，65.3 ℃以上与水混溶，65.3 ℃以下分层	高毒，对皮肤、黏膜有强烈腐蚀性，可经皮肤吸收中毒
1,2-丙二醇	187.3	与水、乙醇、乙醚、氯仿、丙酮等多种有机溶剂混溶	低毒，吸湿，不宜静注
二甲亚砜	189.0	与水、甲醇、乙醇、乙二醇、甘油、乙醛、丙酮乙酸乙酯吡啶、芳烃混溶	微毒，对眼有刺激性
邻甲酚	190.95	微溶于水，能与乙醇、乙醚、苯、氯仿、乙二醇、甘油等混溶	参照甲酚
N,N-二甲基苯胺	193	微溶于水，能随水蒸气挥发，与醇、醚、氯仿、苯等混溶，能溶解多种有机物	抑制中枢和循环系统，经皮肤吸收中毒
乙二醇	197.85	与水、乙醇、丙酮、乙酸、甘油、吡啶混溶，与氯仿、乙醚、苯、二硫化碳等难溶，对烃类、卤代烃不溶，溶解食盐、氯化锌等无机物	低毒，可经皮肤吸收中毒
对甲酚	201.88	参照甲酚	参照甲酚
N-甲基吡咯烷酮	202	与水混溶，除低级脂肪烃外，可以溶解大多无机、有机物、极性气体、高分子化合物	毒性低，不可内服
间甲酚	202.7	参照甲酚	与甲酚相似，参照甲酚
苄醇	205.45	与乙醇、乙醚、氯仿混溶，20 ℃在水中溶解 3.8%(wt)	低毒，黏膜刺激性

续表Ⅲ-1

溶剂名称	沸点/℃ (101.3 kPa)	溶解性	毒性
甲酚	210	微溶于水，能与乙醇、乙醚、苯、氯仿、乙二醇、甘油等混溶	低毒，腐蚀性，与苯酚相似
甲酰胺	210.5	与水、醇、乙二醇、丙酮、乙酸、二氧六环、甘油、苯酚混溶，几乎不溶于脂肪烃、芳香烃、醚、卤代烃、氯苯、硝基苯等	对皮肤、黏膜有刺激性，经皮肤吸收
硝基苯	210.9	几乎不溶于水，与醇、醚、苯等有机物混溶，对有机物溶解能力强	剧毒，可经皮肤吸收
乙酰胺	221.15	溶于水、醇、吡啶、氯仿、甘油、热苯、丁酮、丁醇、苄醇，微溶于乙醚	毒性较低
六甲基磷酸三酰胺	233(HMTA)	与水混溶，与氯仿络合，溶于醇、醚、酯、苯、酮、烃、卤代烃等	较大毒性
喹啉	237.10	溶于热水、稀酸、乙醇、乙醚、丙酮、苯、氯仿、二硫化碳等	中等毒性，刺激皮肤和眼
乙二醇碳酸酯	238	与热水、醇、苯、醚、乙酸乙酯、乙酸混溶，在干燥醚、四氯化碳、石油醚、CCl_4 中不溶	毒性低
二甘醇	244.8	与水、乙醇、乙二醇、丙酮、氯仿、糠醛混溶，与乙醚、四氯化碳等不混溶	微毒，经皮肤吸收，刺激性小
丁二腈	267	溶于水，易溶于乙醇和乙醚，微溶于二硫化碳、己烷	中等毒性
环丁砜	287.3	几乎能与所有有机溶剂混溶，除脂肪烃外能溶解大多数有机物	—
甘油	290.0	与水、乙醇混溶，不溶于乙醚、氯仿、二硫化碳、苯、四氯化碳、石油醚	食用对人体无毒

附录Ⅳ 常见高分子及其英文缩写

表Ⅳ-1 常见高分子及其英文缩写

英文简称	英文全称	中文全称
ABA	Acrylonitrile - Butadiene - Acrylate	丙烯腈-丁二烯-丙烯酸酯共聚物
ABS	Acrylonitrile - Butadiene - Styrene	丙烯腈-丁二烯-苯乙烯共聚物
AES	Acrylonitrile - Ethylene - Styrene	丙烯腈-乙烯-苯乙烯共聚物
AMMA	Acrylonitrile - Methyl Methacrylate	丙烯腈-甲基丙烯酸甲酯共聚物

续表Ⅳ-1

英文简称	英文全称	中文全称
ARP	Aromatic Polyester	聚芳香酯
AS	Acrylonitrile - Styrene Resin	丙烯腈-苯乙烯树脂
ASA	Acrylonitrile - Styrene - Acrylate	丙烯腈-苯乙烯-丙烯酸酯共聚物
CA	Cellulose Acetate	醋酸纤维塑料
CAB	Cellulose Acetate Butyrate	醋酸-丁酸纤维素塑料
CAP	Cellulose Acetate Propionate	醋酸-丙酸纤维素
CE	Cellulose Plastics,General	通用纤维素塑料
CF	Cresol - Formaldehyde	甲酚-甲醛树脂
CMC	Carboxymethyl Cellulose	羧甲基纤维素
CN	Cellulose Nitrate	硝酸纤维素
CP	Cellulose Propionate	丙酸纤维素
CPE	Chlorinated Polyethylene	氯化聚乙烯
CPVC	Chlorinated Poly(Vinyl Chloride)	氯化聚氯乙烯
CS	Casein	酪蛋白
CTA	Cellulose Triacetate	三醋酸纤维素
EC	Ethyl Cellulose	乙烷纤维素
EEA	Ethylene - Ethyl Acrylate	乙烯-丙烯酸乙酯共聚物
EMA	Ethylene - Methacrylic Acid	乙烯-甲基丙烯酸共聚物
EP	Epoxy,Epoxide	环氧树脂
EPD	Ethylene - Propylene - Diene	乙烯-丙烯-二烯三元共聚物
EPM	Ethylene - Propylene Polymer	乙烯-丙烯共聚物
EPS	Expanded Polystyrene	发泡聚苯乙烯
ETFE	Ethylene - Tetrafluoroethylene	乙烯-四氟乙烯共聚物
EVA	Ethylene - Vinyl Acetate	乙烯-醋酸乙烯共聚物
EVAL	Ethylene - Vinyl Alcohol	乙烯-乙烯醇共聚物
FEP	Perfluoro(Ethylene - Propylene)	全氟(乙烯-丙烯)塑料
FF	Furan Formaldehyde	呋喃甲醛
HDPE	High - Density Polyethylene Plastics	高密度聚乙烯塑料
HIPS	High Impact Polystyrene	高冲聚苯乙烯
IPS	Impact - Resistant Polystyrene	耐冲击聚苯乙烯
LCP	Liquid Crystal Polymer	液晶聚合物
LDPE	Low - Density Polyethylene Plastics	低密度聚乙烯塑料
LLDPE	Linear Low - Density Polyethylene	线性低密聚乙烯

续表Ⅳ-1

英文简称	英文全称	中文全称
LMDPE	Linear Medium - Density Polyethylene	线性中密聚乙烯
MBS	Methacrylate - Butadiene - Styrene	甲基丙烯酸-丁二烯-苯乙烯共聚物
MC	Methyl Cellulose	甲基纤维素
MDPE	Medium - Density Polyethylene	中密聚乙烯
MF	Melamine - Formaldehyde Resin	密胺-甲醛树脂
MPF	Melamine - Phenol - Formaldehyde	密胺/酚醛树脂
PA	Polyamide (Nylon)	聚酰胺(尼龙)
PAA	Poly(Acrylic Acid)	聚丙烯酸
PADC	Poly(Allyl Diglycol Carbonate)	碳酸-二乙二醇酯-烯丙醇酯树脂
PAE	Polyarylether	聚芳醚
PAEK	Polyaryletherketone	聚芳醚酮
PAI	Polyamide - Imide	聚酰胺-酰亚胺
PAK	Polyester Alkyd	聚酯树脂
PAN	Polyacrylonitrile	聚丙烯腈
PARA	Polyaryl Amide	聚芳酰胺
PASU	Polyarylsulfone	聚芳砜
PAT	Polyarylate	聚芳酯
PAUR	Poly(Ester Urethane)	聚酯型聚氨酯
PB	Polybutene - 1	聚丁烯-[1]
PBA	Poly(Butyl Acrylate)	聚丙烯酸丁酯
PBAN	Polybutadiene - Acrylonitrile	聚丁二烯-丙烯腈
PBS	Polybutadiene - Styrene	聚丁二烯-苯乙烯
PBT	Poly(Butylene Terephthalate)	聚对苯二酸丁二酯
PC	Polycarbonate	聚碳酸酯
PCTFE	Polychlorotrifluoroethylene	聚氯三氟乙烯
PDAP	Poly(Diallyl Phthalate)	聚对苯二甲酸二烯丙酯
PE	Polyethylene	聚乙烯
PEBA	Polyether Block Amide	聚醚嵌段酰胺
PEBA	Thermoplastic Elastomer Polyether	聚酯热塑弹性体
PEEK	Polyetheretherketone	聚醚醚酮
PEI	Poly(Etherimide)	聚醚酰亚胺
PEK	Polyether Ketone	聚醚酮
PEO	Poly(Ethylene Oxide)	聚环氧乙烷

续表Ⅳ-1

英文简称	英文全称	中文全称
PES	Poly(Ether Sulfone)	聚醚砜
PET	Poly(Ethylene Terephthalate)	聚对苯二甲酸乙二酯
PETG	Poly(Ethylene Terephthalate) Glycol	二醇类改性 PET
PEUR	Poly(Ether Urethane)	聚醚型聚氨酯
PF	Phenol - Formaldehyde Resin	酚醛树脂
PFA	Perfluoro(Alkoxy Alkane)	全氟烷氧基树脂
PFF	Phenol - Furfural Resin	酚呋喃树脂
PI	Polyimide	聚酰亚胺
PIB	Polyisobutylene	聚异丁烯
PISU	Polyimidesulfone	聚酰亚胺砜
PMCA	Poly(Methyl - Alpha - Chloroacrylate)	聚 α-氯代丙烯酸甲酯
PMMA	Poly(Methyl Methacrylate)	聚甲基丙烯酸甲酯
PMP	Poly(4 - Methylpentene - 1)	聚 4-甲基戊烯-1
PMS	Poly(Alpha - Methylstyrene)	聚 α-甲基苯乙烯
POM	Polyoxymethylene，Polyacetal	聚甲醛
PP	Polypropylene	聚丙烯
PPA	Polyphthalamide	聚邻苯二甲酰胺
PPE	Poly(Phenylene Ether)	聚苯醚
PPO	Poly(Phenylene Oxide) Deprecated	聚苯醚
PPOX	Poly(Propylene Oxide)	聚环氧(丙)烷
PPS	Poly(Phenylene Sulfide)	聚苯硫 醚
PPSU	Poly(Phenylene Sulfone)	聚苯砜
PS	Polystyrene	聚苯乙烯
PSU	Polysulfone	聚砜
PTFE	Polytetrafluoroethylene	聚四氟乙烯
PUR	Polyurethane	聚氨酯
PVAC	Poly(Vinyl Acetate)	聚醋酸乙烯
PVAL	Poly(Vinyl Alcohol)	聚乙烯醇
PVB	Poly(Vinyl Butyral)	聚乙烯醇缩丁醛
PVC	Poly(Vinyl Chloride)	聚氯乙烯
PVCA	Poly(Vinyl Chloride - Acetate)	聚氯乙烯醋酸乙烯酯
PVCC	Chlorinated Poly(Vinyl Chloride)(* CPVC)	氯化聚氯乙烯
PVI	Poly(Vinyl Isobutyl Ether)	聚(乙烯基异丁基醚)

续表Ⅳ-1

英文简称	英文全称	中文全称
PVM	Poly(Vinyl Chloride Vinyl Methyl Ether)	聚(氯乙烯-甲基乙烯基醚)
RAM	Restricted Area Molding	窄面模塑
RF	Resorcinol-Formaldehyde Resin	甲苯二酚-甲醛树脂
RIM	Reaction Injection Molding	反应注射模塑
RP	Reinforced Plastics	增强塑料
RRIM	Reinforced Reaction Injection Molding	增强反应注射模塑
RTP	Reinforced Thermoplastics	增强热塑性塑料
S-AN	Styrene-Acryonitrile Copolymer	苯乙烯-丙烯腈共聚物
SBS	Styrene-Butadiene Block Copolymer	苯乙烯-丁二烯嵌段共聚物
SI	Silicone	聚硅氧烷
SMC	Sheet Molding Compound	片状模塑料
S-MS	Styrene-α-Methylstyrene Copolymer	苯乙烯-α-甲基苯乙烯共聚物
TMC	Thick Molding Compound	厚片模塑料
TPE	Thermoplastic Elastomer	热塑性弹性体
TPS	Toughened Polystyrene	韧性聚苯乙烯
TPU	Thermoplastic Urethanes	热塑性聚氨酯
TPX	Ploymethylpentene	聚-4-甲基-1戊烯
VG-E	Vinylchloride-Ethylene Copolymer	聚乙烯-乙烯共聚物
VC-E-MA	Vinylchloride-Ethylene-Methylacrylate Copolymer	聚乙烯-乙烯-丙烯酸甲酯共聚物
VC-E-VCA	Vinylchloride-Ethylene-Vinylacetate Copolymer	氯乙烯-乙烯-醋酸乙烯酯共聚物
PVDC	Poly(Vinylidene Chloride)	聚(偏二氯乙烯)
PVDF	Poly(Vinylidene Fluoride)	聚(偏二氟乙烯)
PVF	Poly(Vinyl Fluoride)	聚氟乙烯
PVFM	Poly(Vinyl Formal)	聚乙烯醇缩甲醛
PVK	Polyvinylcarbazole	聚乙烯咔唑
PVP	Polyvinylpyrrolidone	聚乙烯吡咯烷酮
S-MA	Styrene-Maleic Anhydride Plastic	苯乙烯-马来酐塑料
SAN	Styrene-Acrylonitrile Plastic	苯乙烯-丙烯腈塑料
SB	Styrene-Butadiene plastic	苯乙烯-丁二烯塑料
Si	Silicone Plastics	有机硅塑料
SMS	Styrene-Alpha-Methylstyrene Plastic	苯乙烯-α-甲基苯乙烯塑料

续表Ⅳ-1

英文简称	英文全称	中文全称
SP	Saturated Polyester Plastic	饱和聚酯塑料
SRP	Styrene - Rubber Plastics	聚苯乙烯橡胶改性塑料
TEEE	Thermoplastic Elastomer, Ether - Ester	醚酯型热塑弹性体
TEO	Thermoplastic Elastomer, Olefinic	聚烯烃热塑弹性体
TES	Thermoplastic Elastomer, Styrenic	苯乙烯热塑性弹性体
TPEL	Thermoplastic Elastomer	热塑(性)弹性体
TPES	Thermoplastic Polyester	热塑性聚酯
TPUR	Thermoplastic Polyurethane	热塑性聚氨酯
TSUR	Thermoset Polyurethane	热固聚氨酯
UF	Urea - Formaldehyde Sesin	脲甲醛树脂
UHMWPE	Ultra - High Molecular Weight PE	超高相对分子质量聚乙烯
UP	Unsaturated Polyester	不饱和聚酯
VCE	Vinyl Chloride - Ethylene Resin	氯乙烯-乙烯树脂
VCEV	Vinyl Chloride - Ethylene - Vinyl	氯乙烯-乙烯-醋酸乙烯共聚物
VCMA	Vinyl Chloride - Methyl Acrylate	氯乙烯-丙烯酸甲酯共聚物
VCMMA	Vinyl Chloride - Methyl Methacrylate	氯乙烯-甲基丙烯酸甲酯共聚物
VCOA	Vinyl Chloride - Octyl Acrylate Resin	氯乙烯-丙烯酸辛酯树脂
VCVAC	Vinyl Chloride - Vinyl Acetate Resin	氯乙烯-醋酸乙烯树脂
VCVDC	Vinyl Chloride - Vinylidene Chloride	氯乙烯-偏氯乙烯共聚物

附录Ⅴ　常见聚合物及溶剂的溶度参数

表Ⅴ-1　常见聚合物的溶度参数

聚合物	溶度参数 δ/ $(J \cdot cm^{-3})^{1/2}$	聚合物	溶度参数 δ/ $(J \cdot cm^{-3})^{1/2}$
聚乙烯	16.4	乙丙橡胶	16.2
聚丁二烯	17.2	聚偏氯乙烯	20.3～20.5
聚丙烯	19	丁二烯-苯乙烯共聚物	16.6～17.6
聚氨酯	20.5	聚四氟乙烯	12.7
聚异丁烯	17	丁二烯-丙烯酯共聚物	18.9～20.3
聚异戊二烯	17.4	聚三氟氯乙烯	14.7～16.2
聚苯乙烯	18.5	氯乙烯-醋酸乙烯酯共聚物	21.7
聚氯二丁烯	16.8～18.8	聚乙烯	26
聚氯乙烯	20	聚甲醛	20.9

续表 V-1

聚合物	溶度参数 δ/(J·cm^{-3})$^{1/2}$	聚合物	溶度参数 δ/(J·cm^{-3})$^{1/2}$
聚醋酸乙烯酯	21.7	聚丙烯酸丁酯	18.5
聚氧化丙烯	15.3～20.3	尼龙-66	27.8
聚甲基丙烯酸甲酯	18.6	聚丙烯腈	26
聚氧化丁烯	17.6	聚碳酸酯	20.3
聚甲基丙烯酸乙酯	18.3	聚甲基丙烯酸	21.9
聚2,6-二甲基亚苯基氧	19	聚砜	20.3
聚丙烯酸甲酯	20.7	乙基纤维素	21.1
聚对苯二甲酸乙二醇酯	21.9	聚二甲基硅氧烷	14.9
聚丙烯酸乙酯	19.2	环氧树酯	19.9～22.3
尼龙-6	22.5	聚硫橡胶	18.4～19

表 V-2 常见溶剂的溶度参数

溶 剂	溶度参数/(cal·cm^{-3})$^{1/2}$	溶 剂	溶度参数/(cal·cm^{-3})$^{1/2}$
季戊烷	6.3	四氢萘	9.5
异丁烯	6.7	四氢呋喃	9.5
环已烷	7.2	正已烷	7.3
卡必醇	9.6	正庚烷	7.4
二乙醚	7.4	氯甲烷	9.7
正辛烷	7.6	二氯甲烷	9.7
甲基环已烷	7.8	丙酮	9.8
异丁酸乙酯	7.9	1,2-二氯乙烷	9.8
二异丙基甲酮	8.0	环已酮	9.9
戊基醋酸甲酯	8.0	乙二醇单乙醚	9.9
松节油	8.1	二氧六环	9.9
环已烷	8.2	二硫化碳	10.0
2,2-二氯丙烷	8.2	正辛醇	10.3
醋酸异丁酯	8.3	醋酸戊酯	8.3
醋酸异戊酯	8.3	丁腈	10.5
甲基异丁基甲酮	8.4	正已醇	10.7
醋酸丁酯	8.5	醋酸甲酯	9.6
二戊烯	8.5	异丁醇	10.8
醋酸戊酯	8.5	吡啶	10.9

续表Ⅴ-2

溶　剂	溶度参数/(cal·cm^{-3})$^{1/2}$	溶　剂	溶度参数/(cal·cm^{-3})$^{1/2}$
二甲基乙酰胺	11.1	环己醇	11.4
甲基异丙基甲酮	8.5	硝基乙烷	11.1
四氯化碳	8.6	正丁醇	11.4
哌啶	8.7	异丙醇	11.5
二甲苯	8.8	正丙醇	11.9
二甲醚	8.8	二甲基甲酰胺	12.1
乙酸	12.6	硝基甲烷	12.7
甲苯	8.9	二甲亚砜	12.9
乙二醇单丁醚	8.9	乙醇	12.9
1,2二氯丙烷	9.0	甲酚	13.3
异丙叉丙酮	9.0	甲酸	13.5
醋酸乙酯	9.1	甲醇	14.5
四氢呋喃	9.2	二丙酮醇	9.2
苯	9.2	苯酚	14.5
甲乙酮	9.2	乙二醇	16.3
氯仿	9.3	甘油	16.5
三氯乙烯	9.3	水	23.4
氯苯	9.5		

附录Ⅵ　常见高聚物的熔点与玻璃化转变温度

表Ⅵ-1　常见高聚物的熔点与玻璃化转变温度

聚合物	熔点 T_m/℃	玻璃化转变温度 T_g/℃
聚甲醛	182.5	−30.0
聚乙烯	140.0/95.0	−125.0/−20.0
聚乙烯基甲醚	150.0	−13.0
聚乙烯基乙醚	−115	42.0
乙烯丙烯共聚物,乙丙橡胶	—	−60.0
聚乙烯醇	258.0	99.0
聚乙烯基咔唑	130～132	200.0
聚醋酸乙烯酯	60	30.0

续表Ⅵ-1

聚合物	熔点 T_m/℃	玻璃化转变温度 T_g/℃
聚氟乙烯	200.0	—
聚四氟乙烯(Teflon)	327.0	130.0
聚偏二氟乙烯	171.0	39.0
偏二氟乙烯与六氟丙烯共聚物	—	−55.0
聚氯乙烯(PVC)	—	78.0~81.0
聚偏二氯乙烯	210.0	−18.0
聚丙烯	183.0/130.0	26.0/−35.0
聚丙烯酸	—	106.0
聚甲基丙烯酸甲酯,有机玻璃	160.0	105.0
聚丙烯酸乙酯	—	−22.0
聚(α-腈基丙烯酸丁酯)	—	85.0
聚丙烯酰胺	—	165.0
聚丙烯腈	317.0	85.0
聚异丁烯基橡胶	1.5	−70.0
聚氯代丁二烯,氯丁橡胶	43.0	−45.0
聚顺式-1,4-异戊二烯,天然橡胶	36.0	−70.0
聚反式-1,4-异戊二烯,古塔橡胶	74.0	−68.0
苯乙烯和丁二烯共聚物,丁苯橡胶	—	−56.0
聚己内酰胺,尼龙-6	223.0	—
聚亚癸基甲酰胺,尼龙-11	198.0	46.0
聚己二酰己二胺,尼龙-66	267.0	45.0
聚癸二酰己二胺,尼龙-610	165.0	50.0
聚亚壬基脲	236.0	—
聚间苯二甲酰间苯二胺	390.0	—
聚对苯二甲酸乙二酯	270.0	69.0
聚碳酸酯	267.0	150.0
聚环氧乙烷	66.2	−67.0
聚2,6-二甲基对苯醚	338.0	—
聚苯硫醚	288.0	85.0
聚[双(甲基胺基)膦腈]	—	14.0
聚[双(三氟代乙氧基)膦腈]	242.0	−66.0
聚二甲基硅氧烷,硅橡胶	−29.0	−123.0
赛璐珞纤维素	>270.0	—
聚二苯醚砜	230.0	—

附录Ⅶ　常用引发剂的精制

一、过氧化苯甲酰(BPO)的精制

过氧化苯甲酰的提纯常采用重结晶法。通常以氯仿为溶剂，以甲醇为沉淀剂进行精制。过氧化苯甲酰只能在室温下溶于氯仿中，不能加热，因为容易引起爆炸。

其纯化步骤为：在1 000 mL烧杯中加入50 g过氧化苯甲酰和200 mL氯仿，不断搅拌使之溶解、过滤，其滤液直接滴入500 mL甲醇中，将会出现白色的针状结晶(即BPO)。然后，将带有白色针状结晶的甲醇再过滤，再用冰冷的甲醇洗净抽干，待甲醇挥发后，称重。根据得到的质量，按以上比例加入氯仿，使其溶解，加入甲醇，使其沉淀，这样反复再结晶两次后，将沉淀物(BPO)置于真空干燥箱中干燥（不能加热，因为容易引起爆炸)。称重。熔点为170 ℃(分解)。产品放在棕色瓶中，保存于干燥器中。

表Ⅶ-1　过氧化苯甲酰的溶解度(20 ℃)

溶　剂	石油醚	甲醇	乙醇	甲苯	丙酮	苯	氯仿
溶解度	0.5	1.0	1.5	11.0	14.6	16.4	31.6

二、偶氮二异丁腈(ABIN)的精制

偶氮二异丁腈是广泛应用的引发剂，作为它的提纯溶剂主要是低级醇，尤其是乙醇。也有用乙醇水混合物、甲醇、乙醚、甲苯、石油醚等作溶剂进行精制的报道。它的分析方法是测定生成的氮气，其熔点为102～130 ℃(分解)。

ABIN的精制步骤：在装有回流冷凝管的150 mL锥形瓶中，加入50 mL、95%的乙醇，于水浴上加热至接近沸腾，迅速加入5 g偶氮二异丁腈，摇荡，使其全部溶解(煮沸时间长，分解严重)。热溶液迅速抽滤(过滤所用漏斗及吸滤瓶必须预热)。滤液冷却后得白色结晶，用布氏漏斗过滤后，结晶置于真空干燥箱中干燥，称重。其熔点为102 ℃(分解)，熔点的测定请参阅有机化学实验。

三、过硫酸钾和过硫酸铵的精制

在过硫酸盐中主要的杂质是硫酸氢钾(或硫酸氢铵)和硫酸钾(或硫酸铵)，可用少量水反复结晶进行精制。将过硫酸盐在40 ℃水中溶解并过滤，滤液用冰水冷却，过滤出结晶，并以冰冷的水洗涤，用$BaCl_2$溶液检验滤液无SO_4^{2-}为止，将白色柱状及板状结晶置于真空干燥箱中干燥，在纯净干燥状态下，过硫酸钾能保持很久，但有湿气时，将逐渐分解出氧。

过硫酸钾和过硫酸铵可以用碘量法测定其纯度。

参考文献

[1] 刘方.高分子材料与工程专业实验教程[M].上海:华东理工大学出版社,2012.
[2] 沈新元.高分子材料与工程专业实验教程[M].北京:中国纺织出版社,2016.
[3] 涂克华.高分子专业实验教程[M].杭州:浙江大学出版社,2011.
[4] 潘祖仁.高分子化学[M].4版.北京:化学工业出版社,2008.
[5] 何曼君.高分子物理 [M].上海: 复旦大学出版社,2007.
[6] 张玥.高分子化学实验[M].北京:化学工业出版社,2010.
[7] 梁晖.高分子化学实验[M].北京:化学工业出版社,2014.
[8] 张洪涛,黄锦霞.乳液聚合新技术及应用[M].北京:化学工业出版社,2007.
[9] 曹同玉,刘庆普,胡金生.聚合物乳液合成原理性能及应用[M].2版.北京:化学工业出版社,2007.
[10] 闫红强,程捷,金玉顺.高分子物理实验[M].北京:化学工业出版社,2018.
[11] 杨海洋,朱平平,何平笙.高分子物理实验[M].合肥:中国科学技术大学出版社,2010.
[12] 王国成,肖汉文.高分子物理实验[M].北京: 化学工业出版社,2017.
[13] 钱人元,于燕生.高聚物从高弹态到流体态的转变[J].化学通报,2008,3:164-171.
[14] 李谷,符若文.高分子实验技术[M].2版.北京:化学工业出版社,2015.
[15] 张美珍.聚合物研究方法[M].北京:中国轻工业出版社,2010.
[16] 董炎明.高分子分析手册[M].北京:中国石化出版社,2004.
[17] 曾幸荣.高分子近代测试分析技术[M].广州:华南理工大学出版社,2009.
[18] 董炎明.高分子研究方法[M].北京:中国石化出版社有限公司,2011.
[19] 汪昆华.聚合物近代仪器分析[M].北京:清华大学出版社,2000.
[20] 吴智华.高分子材料加工工程实验教程[M].北京:化学工业出版社,2014.
[21] 唐颂超.高分子材料成型加工[M].3版.北京:中国轻工业出版社,2017.
[22] 杨鸣波,黄锐.塑料成型工艺学[M].3版.北京:中国轻工业出版社,2016.
[24] 张玉龙,张永侠.塑料模压成型工艺与实例[M].北京:化学工业出版社,2008.
[25]肖汉文,王国成,刘少波.高分子材料与工程实验教程[M].北京:化学工业出版社,2008.
[26] 刘长维.高分子材料与工程实验[M].北京:化学工业出版社,2004.
[27] 张海,赵素合.橡胶及塑料加工工艺[M].北京:化学工业出版社,1997.
[28] 涂料工艺编委会.涂料工艺:上、下[M].3版.北京:化学工业出版社,2006.
[29] 闫福安.水性树脂与水性涂料[M].北京:化学工业出版社,2010.

[30] 李桂林.环氧树脂与环氧涂料[M].北京:化学工业出版社,2003.
[31] 许戈文.水性聚氨酯材料[M].北京:化学工业出版社,2007.
[32] 丛树枫,喻露如.聚氨酯涂料[M].北京:化学工业出版社,2004.
[33] 王国全.聚合物共混改性原理与应用[M].北京:中国轻工业出版社,2007.
[34] 张高会.现代材料表面处理技术[M].天津:兵器工业出版社,2012.
[35] 徐维环,李少香.反应型乳化剂在丙烯酸酯无皂乳液聚合中的应用[J].电镀与涂饰,2015(6):297-302.
[36] 黄旭.外墙涂料用丙烯酸酯无皂乳液聚合的研究[D].重庆:重庆大学,2008.